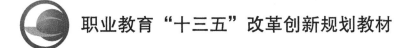
职业教育"十三五"改革创新规划教材

传感器技术及应用

许　珊　主　编
李　娇　副主编

清华大学出版社
北京

内 容 简 介

本书是职业教育"十三五"改革创新规划教材,依据教育部2014年颁布的《中等职业学校电子技术应用专业教学标准》,并参照相关的国家职业技能标准编写而成。本书从实用角度出发,以实施的项目为载体,主要介绍常用传感器的工作原理、基本结构、测量方法以及基本应用。

本书共包括13个项目,项目1介绍了传感器的基本知识以及传感器在自动化生产线中的应用;项目2到项目13围绕项目实施展开,分别介绍了电阻应变式传感器、电容式传感器、压电式传感器、热电式传感器、湿度传感器、气敏传感器、霍尔传感器、光电式传感器、光纤传感器、红外传感器、超声波传感器和MEMS传感器的相关知识。

本书可作为中等职业学校电子电气类、机电类专业教材,也可供有关专业师生、工程技术人员参考使用。

本书封面贴有清华大学出版社防伪标签,无标签者不得销售。
版权所有,侵权必究。举报: 010-62782989, beiqinquan@tup.tsinghua.edu.cn。

图书在版编目(CIP)数据

传感器技术及应用/许姗主编. —北京: 清华大学出版社,2017(2024.7重印)
(职业教育"十三五"改革创新规划教材)
ISBN 978-7-302-45772-5

Ⅰ. ①传… Ⅱ. ①许… Ⅲ. ①传感器—高等职业教育—教材 Ⅳ. ①TP212

中国版本图书馆CIP数据核字(2016)第286928号

责任编辑: 刘翰鹏
封面设计: 张京京
责任校对: 李 梅
责任印制: 丛怀宇

出版发行: 清华大学出版社
网　　址: https://www.tup.com.cn, https://www.wqxuetang.com
地　　址: 北京清华大学学研大厦A座　　　邮　编: 100084
社 总 机: 010-83470000　　　　　　　　　邮　购: 010-62786544
投稿与读者服务: 010-62776969, c-service@tup.tsinghua.edu.cn
质量反馈: 010-62772015, zhiliang@tup.tsinghua.edu.cn
课件下载: https://www.tup.com.cn, 010-62770175-4278

印 装 者: 三河市君旺印务有限公司
经　　销: 全国新华书店
开　　本: 185mm×260mm　　印　张: 9.25　　字　数: 210千字
版　　次: 2017年1月第1版　　　　　　　印　次: 2024年7月第6次印刷
定　　价: 29.00元

产品编号: 071446-02

FOREWORD 前言

本书根据教育部2014年颁布的《中等职业教育电子技术应用专业教学标准》,并参照相关的国家职业技能标准编写而成。本书编写坚持"以就业为导向、能力为本位",充分体现"任务引领、实践导向"的内容设计思想,突出职业教育特色,高度重视实践和实训教学环节,强化学生的实践能力和职业技能培养,提高学生的实际动手能力。

全书共分为13个项目,每个项目包括项目描述、知识探究、项目实施、项目拓展、巩固练习5个部分。其中,项目实施是整个项目的核心,是通过具体实训来掌握理论知识和培养实践技能的过程。项目描述提出该项目实施的具体内容和要达到的知识技能目标;知识探究对项目实施所涉及的相关知识进行介绍;项目拓展是对项目实施进行的拓展延伸;巩固练习是对所学知识和技能的复习巩固。

本书简化了理论知识,结合中等职业学校学生的文化课基础,省略了需用高等数学进行推导的公式;在项目实施的内容设计上,不依托实训台,充分结合学生的情况、知识技能培养目标、岗位需要和职业标准以及传感器的实用性能进行甄选,选取的传感器均为市场应用最广泛的传感器;书中插图多选用示意图和实物图替代剖面图,直观易懂。

本书由日照市机电工程学校许姗担任主编,中国水产科学研究院黄海水产研究所李娇担任副主编,日照市机电工程学校曲成才、顾守秀参与编写。具体编写分工为:李娇编写项目1、项目12、项目13;曲成才、顾守秀编写项目4、项目7、项目8;许姗编写项目2、项目3、项目5、项目6、项目9、项目10、项目11,并负责全书的统稿。

本书建议学时为68学时,具体分配见下表。

项目	学时	项目	学时	项目	学时
项目1	4	项目6	4	项目10	6
项目2	6	项目7	4	项目11	6
项目3	6	项目8	4	项目12	6
项目4	6	项目9	6	项目13	4
项目5	6				
合 计			68		

由于编者水平有限,书中难免有错漏和不妥之处,敬请读者批评指正。了解更多教材信息,请关注微信订阅号:Coibook。

编　者
2016 年 9 月

CONTENTS 目 录

项目1　自动化生产线的传感器应用分析 ·· 1
　　项目描述 ··· 1
　　知识探究 ··· 1
　　　　一、传感器概论 ·· 2
　　　　二、测量误差的基本概念 ·· 4
　　　　三、计算机检测系统 ·· 5
　　项目实施 ··· 7
　　　　灌装自动化生产线的传感器应用分析 ·· 7
　　项目拓展 ··· 9
　　　　传感器的其他应用 ·· 9
　　巩固练习 ·· 10

项目 2　电阻应变式电子秤的制作与测试 ·· 12
　　项目描述 ·· 12
　　知识探究 ·· 12
　　　　一、弹性敏感元件 ·· 12
　　　　二、电阻应变片 ··· 13
　　　　三、测量电路 ·· 16
　　项目实施 ·· 18
　　　　电阻应变式传感器的称重实验 ··· 18
　　项目拓展 ·· 20
　　　　电阻应变式传感器的应用 ··· 20
　　巩固练习 ·· 22

项目3　电容式传感器的安装与调试 ·· 24

项目描述 ·· 24
知识探究 ·· 24
一、电容式传感器 ·· 24
二、电容式传感器的测量电路 ·· 27
三、容栅式传感器 ·· 28
项目实施 ·· 28
一、电容式触摸按键的安装与调试 ·· 28
二、电容式接近开关的安装与调试 ·· 30
项目拓展 ·· 31
一、电容式传感器的应用 ·· 31
二、容栅式传感器的应用 ·· 33
巩固练习 ·· 33

项目4　压电式简易门铃的制作与调试 ·· 34

项目描述 ·· 34
知识探究 ·· 34
一、压电式传感器的工作原理 ·· 34
二、压电式传感器的测量电路 ·· 37
项目实施 ·· 38
压电式简易门铃的制作与调试 ·· 38
项目拓展 ·· 40
压电式传感器的应用 ·· 40
巩固练习 ·· 41

项目5　热电式传感器的安装与调试 ·· 43

项目描述 ·· 43
知识探究 ·· 43
一、热电偶 ·· 43
二、金属热电阻 ·· 47
三、热敏电阻 ·· 48
四、集成温度传感器 ·· 49
项目实施 ·· 49
一、热电偶的安装与测试 ·· 49
二、热敏电阻的安装与测试 ·· 51
三、集成温度传感器的安装与测试 ·· 52
项目拓展 ·· 54

一、热电式传感器的选用 …………………………………………………… 54
　　二、热电式传感器的应用 …………………………………………………… 55
巩固练习 …………………………………………………………………………… 56

项目 6　土壤湿度传感器的安装与调试 …………………………………………… 57

项目描述 …………………………………………………………………………… 57
知识探究 …………………………………………………………………………… 57
　　一、湿度 ……………………………………………………………………… 57
　　二、湿敏传感器 ……………………………………………………………… 58
项目实施 …………………………………………………………………………… 60
　　土壤湿度传感器的安装与调试 ……………………………………………… 60
项目拓展 …………………………………………………………………………… 62
　　湿度传感器的应用：汽车后窗玻璃结露控制 ……………………………… 62
巩固练习 …………………………………………………………………………… 64

项目 7　简易酒精检测仪的制作与调试 …………………………………………… 65

项目描述 …………………………………………………………………………… 65
知识探究 …………………………………………………………………………… 65
　　一、常见被测气体及场合 …………………………………………………… 65
　　二、气敏传感器的分类与工作原理 ………………………………………… 66
项目实施 …………………………………………………………………………… 68
　　简易酒精检测仪的制作与调试 ……………………………………………… 68
项目拓展 …………………………………………………………………………… 70
　　气敏传感器的应用 …………………………………………………………… 70
巩固练习 …………………………………………………………………………… 71

项目 8　霍尔式转速传感器的安装与调试 ………………………………………… 72

项目描述 …………………………………………………………………………… 72
知识探究 …………………………………………………………………………… 72
　　一、霍尔效应 ………………………………………………………………… 72
　　二、霍尔传感器的测量电路 ………………………………………………… 73
项目实施 …………………………………………………………………………… 74
　　霍尔式转速传感器的安装与调试 …………………………………………… 74
项目拓展 …………………………………………………………………………… 75
　　霍尔传感器的应用 …………………………………………………………… 75
巩固练习 …………………………………………………………………………… 77

项目9　光电式传感器的安装与调试 ························· 79

项目描述 ··· 79
知识探究 ··· 79
　一、光的特性 ·· 79
　二、常见光源 ·· 79
　三、光电效应 ·· 80
　四、光电器件 ·· 81
项目实施 ··· 86
　一、简易光控灯的制作与调试 ··· 86
　二、光电开关的安装与调试 ·· 88
项目拓展 ··· 89
　光电式传感器的应用 ··· 89
巩固练习 ··· 91

项目10　光纤传感器的安装与调试 ································ 93

项目描述 ··· 93
知识探究 ··· 93
　一、光纤传感器 ··· 93
　二、光栅传感器 ··· 95
　三、光电编码器 ··· 97
　四、激光传感器 ··· 99
项目实施 ·· 100
　光纤传感器的安装与调试 ·· 100
项目拓展 ·· 102
　一、光纤传感器的应用 ·· 102
　二、光栅传感器的应用 ·· 104
　三、光电编码器的应用 ·· 105
　四、激光传感器的应用 ·· 105
巩固练习 ·· 106

项目11　热释红外传感器的安装与调试 ························ 107

项目描述 ·· 107
知识探究 ·· 107
　一、红外传感器 ·· 107
　二、微波传感器 ·· 110
项目实施 ·· 111
　热释电红外传感器的安装与调试 ···································· 111

项目拓展 ··· 113
　　　　一、红外传感器的应用 ··· 113
　　　　二、微波传感器的应用 ··· 116
　　巩固练习 ··· 118

项目 12　超声波测距传感器的安装与调试 ······································· 119

　　项目描述 ··· 119
　　知识探究 ··· 119
　　　　一、超声波 ··· 119
　　　　二、超声波传感器 ··· 120
　　项目实施 ··· 121
　　　　超声波测距传感器的安装与调试 ··· 121
　　项目拓展 ··· 124
　　　　超声波传感器的应用 ··· 124
　　巩固练习 ··· 126

项目 13　汽车电子的 MEMS 传感器应用分析 ····································· 127

　　项目描述 ··· 127
　　知识探究 ··· 127
　　　　传感器的发展趋势 ··· 127
　　项目实施 ··· 129
　　　　汽车电子中的 MEMS 传感器分析 ··· 129
　　项目拓展 ··· 132
　　　　智能传感器 ··· 132
　　巩固练习 ··· 133

附录 ··· 135

参考文献 ··· 137

项目 1

自动化生产线的传感器应用分析

 项目描述

传感器技术广泛应用于工业生产、家电行业、智能产品、交通领域、航天技术、海洋探测、国防军事、环境监测、资源调查、医学诊断、生物工程甚至文物保护等领域。本项目通过对自动化生产线中的传感器应用分析,介绍传感器的基本概念、作用与应用。

知识目标 掌握传感器的定义、分类与基本特性;掌握测量误差的定义与分类;了解传感器的各种应用。

技能目标 了解自动化生产线中各种传感器的作用。

 知识探究

人类从事各种活动,必须借助于感觉器官。即人体通过五官(视觉、听觉、嗅觉、味觉、触觉)接收来自外界的信息,并将这些信息传递给大脑,经过大脑的运算和处理,传给四肢来执行某些动作。

随着科技与社会的发展,人类的活动方式从简单的生存变成了创造生活,人类的活动范围从浩瀚海洋延伸到了茫茫宇宙,"计算机"成了人类大脑的外延,"执行器"成了人类四肢的外延,"传感器"成了人类五官的外延,如图 1-1 所示。

传感器已经渗透到人们生产生活的方方面面。以最普遍的手机为例,一部智能手机中有加速度传感器、陀螺仪、磁力传感器、距离传感器、光线传感器等十多种传感器,部分高端手机还配有气压传感器、温度传感器、心率传感器、指纹传感器、有害辐射传感器等多种传感器。

信息时代已经到来,在利用信息的过程中,如何获取准确可靠的信息至关重要。而传感器技术就是获取自然和生产领域中信息的主要途径与手段。

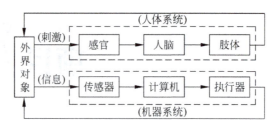

图 1-1　传感器的意义

一、传感器概论

（一）传感器的定义

根据中华人民共和国国家标准（GB/T 7665—2005），传感器（Transducer/Sensor）的定义是：能感受被测量并按照一定的规律转换成可用输出信号的器件或装置。传感器通常由敏感元件、转换元件以及相应的测量转换电路组成，其组成框图如图 1-2 所示。

图 1-2　传感器的组成框图

敏感元件（Sensing Element）是指传感器中能直接感受或响应被测量的部分；转换元件（Transducing Element）是指传感器中能将敏感元件感受或响应的被测量转换成适于传输或测量的电信号部分；测量转换电路的作用是将转换元件输出的电参量放大或转换为容易传输、处理、记录和显示的形式。

（二）传感器的分类

传感器的种类繁多，同一被测物理量可以用不同原理的传感器来测量；而同一原理的传感器也可以测量多种被测物理量。因此，传感器的分类方法也不尽相同，常见的有以下几种分类方法。

1. 按工作原理分类

传感器按工作原理不同可分为电阻式、电感式、电容式、电涡流式、压电式、热电式、光电式、霍尔式、光纤、超声波等传感器。现有传感器的测量原理都是基于物理、化学、生物等各种效应和定律。例如电阻式传感器的原理是金属或半导体材料在被测量作用下产生电阻应变效应；压电式传感器的原理是压电晶体在被测力作用下产生压电效应。

2. 按被测量分类

(1) 机械量：位移、速度、加速度、力、力矩、扭矩、振动等。

(2) 电气量：电压、电流、功率、电场、频率等。

(3) 热工量：温度、热量、流量、风速、压力、液位等。

(4) 状态量：裂纹、缺陷、泄漏、磨损、表面质量等。

(5) 光学量：光强、红外光、紫外光、射线、色度等。

(6) 物性参量：浓度、黏度、湿度、酸碱度等。

(7) 生物量：酶、血压、血脂、血型、葡萄糖、胆固醇等。

3. 按输出信号种类分类

传感器按输出信号的种类可分成模拟式传感器和数字式传感器。模拟式传感器的输出为与被测量成一定关系的模拟信号，需要经过 A/D 转换才能进行数字显示；数字式传感器输出的是数字量，读取方便，抗干扰能力强。

此外，传感器按测量方式可分为接触式传感器和非接触式传感器；按能量关系可分为能量转换型和能量控制型等。

（三）传感器的基本特性

传感器的基本特性即输入输出特性，分为动态特性和静态特性。其中，静态特性是指输入量不随时间变化或变化极慢时，传感器的输出量与输入量的关系。静态特性的性能指标有测量范围、线性度、灵敏度、分辨力、迟滞、重复性、漂移等。

1. 测量范围

测量范围是在允许误差范围内由被测量的上限值和下限值所确定的区间。

2. 线性度

理想情况下，希望传感器的输入输出关系为线性关系，但在实际应用时却大多为非线性。因此可以通过引入各种非线性补偿来使传感器的输出与输入为线性或接近线性。如果传感器的非线性不明显，输入量变化范围较小时，可用一条拟合直线近似代表实际曲线的一段，使传感器输出输入特性线性化，如图 1-3 所示。

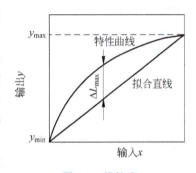

图 1-3　线性度

线性度又称非线性误差，是指传感器的实际特性曲线和拟合直线之间的最大偏差与输出量程范围之比。一般用 γ_L 表示。

$$\gamma_L = \frac{|\Delta L_{max}|}{y_{max} - y_{min}} \times 100\% \tag{1-1}$$

式中，$|\Delta L_{max}|$ 为最大非线性绝对误差；$y_{max} - y_{min}$ 为输出量程范围。

3. 灵敏度

灵敏度 S 指传感器输出量的变化值 Δy 与相应的被测量的变化值 Δx 之比。

$$S = \Delta y / \Delta x \tag{1-2}$$

4. 分辨力

分辨力是指传感器在规定测量范围内可能检测出的被测量的最小变化量。分辨力越小，说明传感器检测输入量的能力越强。如果被测量的变化小于分辨力，传感器对于输入量的变化不会有任何反应。指针式仪表的分辨力是刻度盘上最小的刻度单位；数字仪表的分辨力是数字显示器最末位的单位字。

5. 迟滞

迟滞是在规定的测量范围内，输入量增大行程期间和输入量减小行程期间，同一被测量值处传感器输出量的最大差值。如图 1-4 所示。

6. 重复性

重复性是指在相同测量条件下，对同一被测量进行连续多次测量所得结果之间的一致性。如图 1-5 所示。

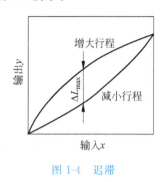

图 1-4 迟滞

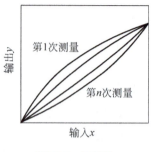

图 1-5 重复性

7. 漂移

漂移包括零点漂移和温度漂移。零点漂移是指在无输入量的情况下，间隔一段时间进行测量，其输出量偏离零值的大小；温度漂移是指当外界温度发生变化，传感器输出量同时也发生变化的现象。

（四）传感器的标定

传感器的标定是利用一定等级的仪器及设备产生已知的非电量（如标准压力、加速度、位移等）作为输入量，输入至待标定的传感器中，得到传感器的输出量，然后将传感器的输出量与输入量进行比较，从而得到一系列曲线。通过对曲线的分析处理，得到其动静态特性的过程。

二、测量误差的基本概念

（一）测量的相关名词

1. 真值

真值是在一定的时间及空间条件下，被测量客观存在的实际值。真值虽然是客观存在的，但是不可测量的，是一个理想的概念。在实际测量中，经常使用"约定真值"来代替真值使用。约定真值被认为充分接近真值，被测量的实际值、修正过的算术平均值都可作为约定真值。

2. 标称值

标称值是指计量或测量器具上标注的量值。例如标准砝码上标出的 1kg。受制造、测量及环境条件变化的影响，标称值并不一定等于它的实际值。因此，通常在给出标称值的同时也给出其误差范围或精度等级。

3. 示值

示值是由测量仪器给出或提供的量值，也称为测量值，包括数值和单位。

4. 测量误差

测量误差是指测量结果与被测量真值之差。测量误差是由于测量过程不完善或测量条件不理想,使得测量结果偏离了真值。

(二) 误差的分类

1. 随机误差

在相同条件下和短时间内,对同一被测量进行多次重复测量时,受偶然因素影响而出现误差的绝对值和符号以不可预知的方式变化着,称此类误差为随机误差。引起随机误差的原因是一些无法控制的微小因素,只能用概率论和数理统计方法计算它出现的可能性的大小。随机误差不可修正,可以通过增加测量次数的方法加以控制。

2. 系统误差

在相同条件下,对同一被测量进行多次重复测量时,出现某种保持恒定或按一定规律变化着的误差称为系统误差。系统误差主要由材料、零部件、工艺缺陷和环境等外界干扰引起,可以通过实验方法或修正值方法进行修正。

3. 粗大误差

粗大误差也称过失误差或寄生误差,是由于测量人员的粗心大意或环境条件的突变造成的。粗大误差在进行数据处理时应该剔除。

(三) 误差的表示方法

1. 绝对误差

绝对误差是示值 X 与约定真值 A 的差值,即

$$\Delta X = X - A \tag{1-3}$$

约定真值常用某一被测量多次测量的平均值,或上一级标准仪器测量所得的示值来代替。

2. 实际相对误差

实际相对误差是指绝对误差 ΔX 与约定真值 A 的百分比,即

$$\delta_A = \frac{\Delta X}{A} \times 100\% \tag{1-4}$$

3. 标称相对误差

标称相对误差是指绝对误差 ΔX 与示值 X 的百分比,即

$$\delta_X = \frac{\Delta X}{X} \times 100\% \tag{1-5}$$

4. 引用误差

引用误差也称满度相对误差,是指绝对误差 ΔX 与仪器满度值(量程) X_{FS} 的百分比,即

$$\delta_F = \frac{\Delta X}{X_{FS}} \times 100\% \tag{1-6}$$

三、计算机检测系统

被测量经传感器检测后的输出信号,先经过多级电路处理,再采用计算机或者微处理器进行存储、显示、打印或者控制,实现这些功能的就是计算机检测系统。计算机检测系统的组成如图 1-6 所示。

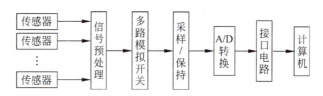

图 1-6　计算机检测系统的组成

1. 信号预处理

传感器输出的模拟信号有的幅值较小,有的存在不需要的频率分量,有的阻抗无法与后续电路匹配,有的是电阻电荷等无法进行采样的信号,有的动态范围太宽,因此需要通过各种电路将传感器的输出信号转换成统一的电压信号,这个过程称为信号的预处理。常见的信号预处理电路功能见表 1-1。

表 1-1　常见的传感器预处理电路功能

信号预处理电路	实现功能
阻抗变换电路	在传感器输出为高阻抗的情况下,变换为低阻抗,以便于检测电路准确地拾取传感器的输出信号
放大变换电路	将微弱的传感器输出信号放大
电流电压转换电路	将传感器的电流输出转换成电压
电桥电路	将传感器的电阻、电容、电感转换为电流或电压
频率电压转换电路	将传感器输出的频率信号转换为电压
电荷放大器	将电场型传感器输出产生的电荷转换为电压
有效值转换电路	在传感器为交流输出的情况下,转换为有效值,变为直流输出
滤波电路	滤除噪声或分离各种不同信号
线性化电路	在传感器的线性度不好的情况下,用来进行线性校正
对数压缩电路	当传感器输出信号动态范围较宽时,用对数电路进行压缩

2. 多路模拟开关

如果有多个模拟信号源都需要转换成数字量,为了简化电路结构,往往采用多路模拟开关,让这些信号源共享采样/保持电路和 A/D 转换等器件。多路模拟开关在控制信号的作用下,按照顺序将各路模拟信号分时地送往采样/保持电路。

3. 采样/保持电路

A/D 转换需要有一定的时间,因此在转换过程中要保证信号稳定不变,否则将带来较大的误差,这时就需要采样/保持电路。

4. A/D 转换电路

传感器的输出信号经各级电路的处理变为模拟电压信号后,还需要通过 A/D 转换器转换成数字量才能送入计算机或微处理器进行处理。可以说,A/D 转换器是数据采集的核心器件。

5. 接口电路

A/D 转换器输出的数字信号可能会在时序、驱动能力等方面与计算机总线要求的信号有所差别,因此需要加入接口电路实行电路参数匹配。不过有的 A/D 转换器已经与接口电路集成在一起,所以不需要外加接口电路。

6. 计算机

这里的计算机可以指普通的微机,也可以指单片机。单片机即单片微控制器,是采用超大规模集成电路技术把中央处理器、存储器、多种 I/O 口、中断系统、定时器/计数器等功能集成到一块芯片上的计算机。

计算机检测系统对信号的采集和处理具有速度快、工作效率高、存储方便、信息量大、成本低等优点,在工业控制领域应用广泛。

灌装自动化生产线的传感器应用分析

自动化生产线能够把人从繁重的体力劳动中解放出来、适合批量生产、提高劳动生产率、稳定和提高产品质量、改善劳动条件、缩减生产占地面积、降低生产成本、缩短生产周期、保证生产均衡性、能产生显著的经济效益等优点。

自动化生产过程中,需要用各种传感器来监测和控制生产过程中的各个参数,使设备工作在正常状态或者最佳状态。本项目以某酒厂灌装自动化生产线为例,分析各种传感器在其中的应用。图 1-7 所示为灌装自动化生产线。

图 1-7 灌装自动化生产线

1. 灌装自动化生产线的工作流程

装有空瓶的箱子堆放在托盘上,由传送带送到卸托盘机,将托盘逐个卸下,箱子随传送带送到卸箱机中,将空瓶从箱子中取出,空箱经传送带送到洗箱机,经清洗干净,再输送到装箱机旁,以便将盛有酒水的瓶子装入其中。从卸箱机取出的空瓶,由另一条传送带送入理瓶机进行梳理,再经冲瓶机消毒和清洗,符合清洁标准后进入灌装机。酒水由灌装机装入瓶中,装好酒水的瓶子经旋盖机加盖密封并输送到贴标机贴标,贴好标签后送至装箱机装入箱中,再堆放在托盘上送入仓库。灌装生产线的工作流程如图 1-8 所示。

2. 灌装自动化生产线中传感器的应用

在整个生产线的传送过程中配有各种限位开关和接近开关,完成定位和检测;传送

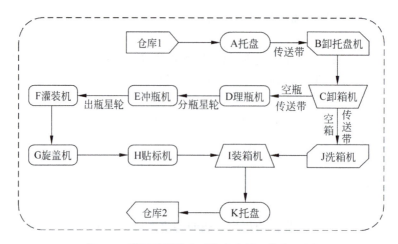

图 1-8　某酒厂灌装自动化生产线工作流程图

过程中还配有光电开关,出现堵瓶时,可控制灌装机减速并停机;旋转编码器用于传送过程的变频调速反馈;系统中配有温度传感器实时检测温度。

另外,在冲瓶过程 E 中,冲瓶机进水管配备压力传感器。

在灌装过程 F 中,回气管长度检测传感器控制灌装过程的停止;灌装液缸内的液位由浮子液位传感器检测并传给数字调节仪,经 PID 调节后控制主进液阀的开度,达到控制灌装缸液位的目的。

在旋盖过程 G 中,瓶盖料斗内有光电开关检测瓶盖数量;喂盖盘的滑道上配有光电开关,检测有无瓶盖,如图 1-9 所示;旋盖机有进瓶检测开关,保证无瓶时停止喂盖;理盖器设有缺盖检测传感器,用于控制瓶盖提升机启停。

在贴标过程 H 中,色彩标志传感器用于检测啤酒商标纸的精确切刀位置;光电式传感器用于检测酒瓶上有无标牌,如图 1-10 所示。

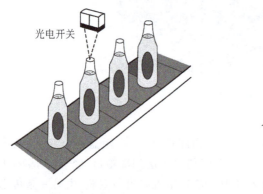

图 1-9　有无瓶盖检测

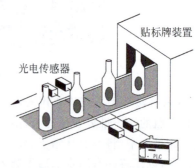

图 1-10　有无标牌检测

通过该酒厂灌装自动化生产线可以看出传感器在其中发挥的重要作用。传感器是工业测控系统和信息系统的基础元器件,没有众多优良的传感器,现代化生产也就失去了基础。

项目拓展

传感器的其他应用

除了自动化生产线等工业领域,传感器的应用也遍布其他各个领域。

在家用电器领域,传感器的应用非常普遍。温度传感器用于冰箱、空调以及炊具等电器的温度检测与控制,如图1-11所示;压力传感器在洗衣机中用作水位开关;光电式传感器用作检测洗衣机内的浑浊度。

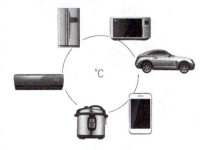

图1-11 温度传感器的应用

在交通运输领域,一辆汽车中的传感器多达上百种,例如车速检测、油量检测、温度检测、振动检测等传感器保障了汽车的安全行驶;道路监测中无线传感网络可以实时监测路面状况、积水状况等;交通违章中的线圈车辆检测器、雷达微波测速、红外检测和激光检测都有助于规范交通秩序。

在安全防护领域,光电式传感器、光栅传感器、红外传感器都可应用于安全门的控制中;指纹传感器广泛应用于门禁、考勤机、密码锁等设备,如图1-12所示;火焰传感器、感烟传感器、气体传感器在火灾自动报警系统中起到关键的作用。

在医学领域,尿素传感器可用于临床肾功能的诊断,比实验室进行的检测操作简单、花费时间少;酶传感器的种类超过200种,血糖仪已经成为糖尿病患者家庭必备的检测设备,方便可靠,如图1-13所示;DNA传感器可用于艾滋病毒、乙肝病毒等的检测;光纤传感器应用于各种内窥镜和医疗器械。

图1-12 指纹机

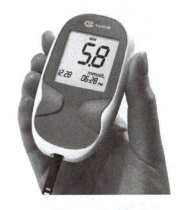

图1-13 血糖仪

在农业生产领域,湿度传感器用于检测土壤水分含量,便于及时和适量浇灌;二氧化碳传感器能够检测出环境中二氧化碳的含量,常用于农业"气肥"的自动控制中;光照度传感器用于检测作物生长环境的光照强度,以决定是否遮阳或补光。

在环境监测领域,pH值传感器、氨氮传感器、COD传感器、重金属传感器等都可用于对水质的监测,水质 pH 检测仪如图 1-14 所示;气体传感器可以有效地监测空气中的污染气体成分与含量,PM2.5 检测仪如图 1-15 所示;噪声检测仪是分析噪声成分、判断噪声污染的重要仪器,如图 1-16 所示。

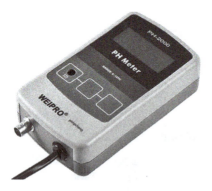
图 1-14　水质 pH 检测仪

图 1-15　PM2.5 检测仪

图 1-16　噪声检测仪

在航空航天领域,倾角传感器用于显示飞机的俯仰角度姿态和侧滚角度姿态;高度传感器用来实时测量飞机的飞行高度;火箭上的液位传感器用于实时提供推进剂液位信息,以保证氧化剂和燃烧剂质量比在最佳范围。

在国防军事方面,红外传感器用于隐形飞行器的探测;光纤水听器可以在海洋中侦听声场信号;倾斜、压力、风向、风速等传感器能够保证火力系统自动瞄准目标。

巩固练习

一、填空题

1. 传感器通常由_____、_____、_____等部分组成。
2. 根据传感器的输出信号分类,需要经过 A/D 转换才能进行数字显示的传感器属于_____式传感器。
3. 如果传感器的非线性不明显,输入量变化范围较小时,可用一条直线近似代表实际曲线的一段,这条直线称为_____。
4. 分辨力越小,说明传感器检测输入量的能力越_____。
5. 输入量增大行程期间和输入量减小行程期间,同一被测量值处传感器输出量的最大差值称为_____。
6. 在实际测量中,经常使用_____来代替真值使用。

二、判断题

1. 传感器相当于人类大脑的外延。　　　　　　　　　　　　　　　　　(　　)
2. 同一被测量可以用不同的传感器来测量,同一原理的传感器可以测量多种被测量。　　　　　　　　　　　　　　　　　　　　　　　　　　　(　　)
3. 漂移都是外界温度发生变化而引起的。　　　　　　　　　　　　　　(　　)
4. 真值可以通过精密仪表测量得出。　　　　　　　　　　　　　　　　(　　)

5. 随机误差可以通过人为努力消除。 ( )
6. 粗大误差的测量值可以用于数据的处理。 ( )

三、简答题
1. 除了课本中举出的例子,思考家用电器中还有哪些地方用到了传感器?
2. 根据对汽车的了解,思考一下汽车中用到了哪些传感器?

项目 2

电阻应变式电子秤的制作与测试

电阻应变式传感器是一种基于电阻应变效应的传感器,它可将被测量转换为电阻值的变化。本项目通过电阻应变式传感器的称重实验,学习电阻应变式传感器的结构、原理和应用。

知识目标 了解弹性敏感元件的种类和特点;掌握电阻应变片的类型、基本结构与工作原理;掌握直流电桥的平衡条件;掌握电阻应变式传感器的测量方法。

技能目标 学会识别常见的电阻应变式传感器;掌握电阻应变式传感器的使用方法;掌握电阻应变式传感器测量电路的调试方法。

电阻应变式传感器由弹性敏感元件和电阻应变片组成。它是将电阻应变片粘贴在各种弹性敏感元件上,当弹性敏感元件受到外力产生应变,通过电阻应变片将其转换成电阻的变化。

一、弹性敏感元件

弹性敏感元件是指在外力作用下产生形变,当外力去掉后又能恢复其原来尺寸或状态的元件。弹性敏感元件具有良好的弹性、机械特性、精度、稳定性和耐腐蚀性,可将力、力矩、压力等参量转换成应变量或位移量,再通过转换元件转换成电量。

弹性敏感元件可以是实心或空心的圆柱体、等截面圆环、等截面或等强度悬臂梁、扭管等,也可以是弹簧管、膜片、膜盒、波纹管、薄壁圆筒、薄壁半球等。

图 2-1(a)所示为波纹管,它用可折叠纹片沿折叠伸缩方向连接而成,管壁较薄,可将压力转换成位移,测量压力范围为数十帕到数十兆帕;图 2-1(b)和(c)所示分别为膜盒和膜片,由金属或非金属材料制成,周边固定,受力后中心可移动;图 2-1(d)所示为弹簧管,

也称波登管,一端固定,一端活动,可将压力转换成位移。

(a) 波纹管　　(b) 膜盒　　(c) 膜片　　(d) C形弹簧管

图 2-1　常见弹性敏感元件

弹性敏感元件在传感器技术中占有很重要的地位,其质量的优劣直接影响传感器的性能和精度。

二、电阻应变片

(一) 电阻应变片的类型与结构

电阻应变片为传感器的转换元件,根据敏感栅材料与结构的不同,电阻应变片可分为金属应变片和半导体应变片,见表 2-1。

表 2-1　电阻应变片的分类

电阻应变片	金属应变片	金属丝式
		金属箔式
		薄膜式
	半导体应变片	体型
		薄膜型
		扩散型
		外延型

各种电阻应变片的结构如图 2-2 所示。

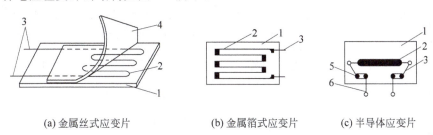

(a) 金属丝式应变片　　(b) 金属箔式应变片　　(c) 半导体应变片

图 2-2　各种电阻应变片的结构示意图

1—基底；2—敏感栅；3—引出线；4—盖片；5—焊接电极；6—外引线

以金属丝式应变片为例,它的结构包括敏感栅、基底、盖片、引出线等。敏感栅用黏合剂固定于基底上,盖片与基底粘贴在一起,结构如图 2-2(a)所示。金属丝式应变片的敏感栅由金属电阻丝制成,是应变片的转换元件；基底是将传感器弹性敏感元件的应变传递到敏感栅的中间介质,起到金属丝和弹性敏感元件之间的绝缘作用；盖片既可保持敏感栅和引出线的形状及相对位置,还可保护敏感栅；引出线起到连接测量导线的作用。金属丝式应变片的应用最早,价格便宜,广泛应用于低精度测量。

金属箔式应变片是采用光刻、腐蚀等工艺制成的一种箔栅,其箔栅厚度为0.003~0.01mm,可以根据需要制成任意形状。金属箔式应变片表面积大、散热好、允许通过电流较大、绝缘性好、寿命长、传递形变性能好、适于批量生产,因此应用普遍。

金属薄膜式应变片主要采用真空蒸镀技术,在薄的绝缘基底上蒸镀金属材料薄膜,最后加保护层形成。由于薄膜应变片厚度很薄,很容易散热,因此可以在大电流密度下工作。

半导体应变片是用半导体材料作敏感栅制成的。半导体应变片的响应范围广、输出幅值大、易集成、与计算机接口方便,它的灵敏度比金属丝式、金属箔式应变片高几十倍,因而应用日趋广泛。半导体应变片的主要缺点是灵敏度的热稳定性差、电阻与应变间的非线性严重,需要温度补偿和非线性补偿措施。

(二)电阻应变片的命名

依据GB/T 13992—1992国家标准,电阻应变片的产品型号由汉语拼音字母和数字组成,共七项,其命名方式如图2-3所示,型号命名表见表2-2。

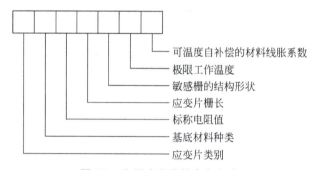

图2-3 电阻应变片的命名方式

表2-2 应变片的型号命名表

应变片类别								
名称	丝绕式		短接式		金属箔式		特殊用途	
符号	S		D		B		T	
基底材料种类								
名称	纸	环氧类	酚醛类	聚酯类	缩醛类	聚酰亚胺类	玻璃纤维布浸胶	金属薄片	临时基底
符号	Z	H	F	J	X	A	B	P	L
标称电阻值/Ω									
60	(90)	120	(150)	200	(250)	350	500	(650)	1000
应变片栅长/mm									
0.2	0.5	1	2	3	4	5	6	8	
10	12	15	20	30	50	100	150	200	
敏感栅结构形状									
字母	AA		BA		BB		BC		CA
说明	单轴		二轴90°		二轴90°		二轴90°重叠		三轴
极限工作温度/℃									
自 定									
可温度自补偿的材料线胀系数/(10⁻⁶/℃)									
9		11		14		16		23	27

例如,BH350-3AA150(16)型号的应变片为环氧基底单轴箔式应变片,标称阻值为350Ω,栅长3mm,最高工作温度150℃,材料线胀系数为$16×10^{-6}/℃$。

(三)电阻应变片的粘贴

应变片的粘贴是传感器制作的重要环节,应变片的粘贴质量直接影响数据测量的准确性。应变片粘贴的方法和步骤如下。

1. 准备工作

保证所粘贴的平面光滑、无划伤、面积大于应变片的面积。用沾有无水酒精或丙酮的棉签反复擦拭贴片部位,直至棉签不再变黑为止,确保贴片部位清洁。应变片应平整、无折痕,不能用手和不干净的物体接触应变片的底面。

2. 粘贴应变片

在贴片部位和应变片的底面均匀涂上薄薄一层粘贴剂,待粘贴剂变稠后,用镊子轻轻夹住应变片的两边,贴在试件的贴片部位。在应变片上覆盖一层聚氯乙烯薄膜,用手指顺着应变片的长度方向用力挤压,挤出应变片下面的气泡和多余的粘贴剂,直到应变片与试件紧密粘合为止。注意按住时不要使应变片移动。

3. 干燥处理

贴好后用热风机进行加热干燥,烘烤时应适当控制距离和温度,防止温度过高烧坏应变片。

4. 引出线焊接

将引出线焊接在应变片的接线端。在应变片引出线下,贴上胶布,以免引出线与被测试件接触造成短路。焊接完成后用万用表在导线另一端检查是否接通。为防止在导线被拉动时应变片引出线被拉坏,应使用接线端子。用胶水把接线端子粘在应变片引出线的前端。

5. 防潮处理

为避免胶层吸收空气中的水分而降低绝缘电阻值,应对应变片进行防潮处理。将704硅胶均匀地涂在应变片和引出线上。

6. 质量检查

检查应变片是否粘牢固,有无气泡、翘起等现象。用万用表检查电阻值,阻值应和标称阻值基本一致。

(四)电阻应变片的工作原理

1. 金属丝式电阻应变片的工作原理

金属导体或半导体材料在外力作用下产生应变的同时其阻值也会发生相应改变,这一物理现象称为"电阻应变效应"。以圆截面的金属电阻丝为例,其静态原始电阻值R为

$$R = \rho \frac{l}{A} = \rho \frac{l}{\pi r^2} \tag{2-1}$$

式中,ρ为电阻率($\Omega \cdot m$);l为电阻丝的长度(m);A为电阻丝的横截面积(m^2);r为电阻丝的截面半径(m)。

金属电阻丝在受到拉伸应变时,l变大,r变小,电阻值增大,如图2-4所示。受到压缩应变时,l变小,r变大,电阻值减小。电阻值的变化率与其轴向应变成正比。

$$\frac{\Delta R}{R} = K\varepsilon \tag{2-2}$$

式中，$\frac{\Delta R}{R}$ 为应变片的电阻变化率；K 为应变片的灵敏系数，一般在 2 左右；ε 为轴向相对变形。

如图 2-5 所示，两种不同材料的金属丝电阻的变化率与轴向应变均成线性关系，这就是电阻应变片测量应变的理论基础。

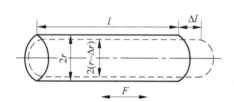

图 2-4 金属丝受力拉伸尺寸变化

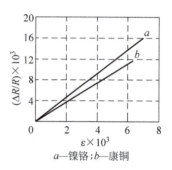

图 2-5 电阻变化率与轴向应变的关系

将电阻应变片粘贴在各种弹性敏感元件上，当弹性敏感元件受到外力、位移、加速度等参数的作用产生应变时，电阻应变片将其转换成电阻值的变化。

2. 半导体电阻应变片的工作原理

半导体应变片的工作原理是基于半导体材料的压阻效应。压阻效应是指半导体材料在某一轴向受外力作用时其电阻率发生变化的现象。

三、测量电路

由于应变片的机械应变一般很微小，其电阻值的相对变化也很小，用一般测量电阻的仪表很难直接测量出来，必须通过转换电路将应变片电阻值的变化转换为电压或电流的变化。最常用的转换电路为直流电桥和交流电桥。下面以直流电桥电路为例进行分析。

（一）直流电桥平衡条件

图 2-6 中，E 为电源电动势，R_1、R_2、R_3、R_4 为桥臂电阻，R_L 为负载电阻。当 $R_L \to \infty$ 时，电桥输出电压为

$$U_o = E\left(\frac{R_1}{R_1+R_2} - \frac{R_3}{R_3+R_4}\right) \tag{2-3}$$

当电桥平衡时，$U_o = 0$，则有

$$R_1 R_4 = R_2 R_3, \quad 或 \quad R_1/R_2 = R_3/R_4 \tag{2-4}$$

式(2-4)称为直流电桥的平衡条件。电桥平衡，则流过负载电阻的电流为零。

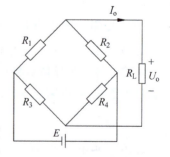

图 2-6 直流电桥电路

（二）电桥的工作方式

根据应变片的接入方式，电桥有三种工作方式，如图 2-7 所示。应变片电桥电路中，

要求电阻值 $R_1=R_2=R_3=R_4=R$。

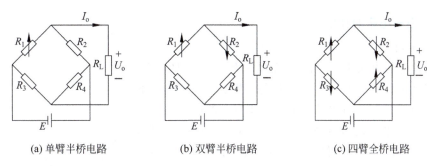

(a) 单臂半桥电路　　　　(b) 双臂半桥电路　　　　(c) 四臂全桥电路

图 2-7　直流电桥的三种工作方式

1. 单臂半桥工作方式

只有一个应变片接入电桥。工作时，其他三个桥臂的电阻值没有变化，应变片电阻 R_1 的阻值变化为 ΔR，由于 $\Delta R \ll R$，电桥的输出电压为

$$U_\text{o} = E\left(\frac{R_1+\Delta R}{R_1+\Delta R+R_2} - \frac{R_3}{R_3+R_4}\right) = E\frac{\Delta R}{4R+2\Delta R} \approx \frac{E}{4} \times \frac{\Delta R}{R} \tag{2-5}$$

单臂半桥工作方式的灵敏度 $K=E/4$。

2. 双臂半桥工作方式

在被测试件上安装两个应变片，接入相邻桥臂。当试件受力时，一个应变片受拉，一个应变片受压，应变符号相反，构成双臂半桥差动电路。电桥的输出电压为

$$U_\text{o} = E\left(\frac{R_1+\Delta R}{R_1+\Delta R+R_2-\Delta R} - \frac{R_3}{R_3+R_4}\right) = \frac{E}{2} \times \frac{\Delta R}{R} \tag{2-6}$$

双臂半桥工作方式的 U_o 与 $\Delta R/R$ 呈线性关系，无非线性误差，具有温度补偿作用。灵敏度 $K=E/2$，比单臂半桥工作方式的灵敏度提高一倍。

3. 四臂全桥工作方式

在被测试件上安装四个应变片。其中两个相对桥臂的应变片在试件受力时受拉产生应变。另两个相对桥臂的应变片在试件受力时受压产生应变。电桥的输出电压为

$$U_\text{o} = E\left(\frac{R_1+\Delta R}{R_1+\Delta R+R_2-\Delta R} - \frac{R_3-\Delta R}{R_3-\Delta R+R_4+\Delta R}\right) = E\frac{\Delta R}{R} \tag{2-7}$$

四臂全桥差动工作方式无非线性误差，具有温度补偿作用。其灵敏度 $K=E$，为单臂半桥工作方式的 4 倍。

科学故事

惠斯通电桥的名称

电桥电路中，已知三个电阻的阻值，可求第四个电阻的阻值，这种单臂电桥称为惠斯通电桥，是一种可以精确测量电阻的方法。

很多人认为惠斯通电桥是惠斯通发明的。其实，这是一个误会，这种电桥是由英国发明家克里斯蒂在 1833 年发明的，但是由于惠斯通第一个用它来测量电阻，所以人们习惯

上就把这种电桥称作惠斯通电桥。

（三）电桥电路的补偿

1. 零点补偿

应变片电桥电路平衡条件要求 $R_1=R_2=R_3=R_4=R$，但实际四个桥臂电阻不可能完全相等，致使无应变状态下 $U_o \neq 0$。因此，需要在对边桥臂电阻乘积较小的任意桥臂中串联一个可变电阻进行调节，使得 $U_o = 0$，称为零点补偿。例如，如果 $R_1 R_4 < R_2 R_3$，则可使 R_1 或 R_4 串联可变电阻 R_P，如图 2-8 所示。

2. 温度补偿

实际测量中，电阻应变片由于受环境温度变化造成应变，会给测量带来误差，因此需要对桥路进行温度补偿。双臂半桥和四臂全桥由于相邻桥臂应变片受温度的影响，同时产生大小相等、符号相同的电阻增量而相互抵消，桥路可以实现温度自补偿。但是单臂半桥电路需要通过补偿片或热敏元件法进行温度补偿。

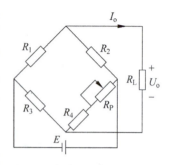

图 2-8 电桥的零点补偿电路

项目实施

电阻应变式传感器的称重实验

电子计量器具的应用非常普遍。电子皮带秤、电子汽车衡、电子轨道衡、抓斗秤、电子容器秤的核心元件就是电阻应变式传感器。电子秤在我们日常生活中的作用非常重要，它使用起来方便快捷，并以较高的精确度得到大家的信赖。本实验通过电阻应变片来模拟电子秤的工作原理。

1. 实验目的

（1）更好地了解电阻应变片的结构、特点和工作原理。

（2）初步掌握电阻应变片的粘贴技术。

（3）更好地掌握电桥电路的搭建与调试。

（4）锻炼自己的动手能力和分析解决问题的能力。

2. 实验器材

电阻应变片（两片，型号 BF350-3AA，参考价格 6.00 元）；电池（1 个，型号 6F22，电压 9V）；电阻（1 个，350Ω）；电阻（1 个，220Ω）；电阻（1 个，150Ω）；电阻（1 个，300Ω）；可变电阻（1 个，100Ω）；可变电阻（1 个，2kΩ）；微安表（量程 199.9μA）；万用表；细导线若干；电烙铁；焊锡丝；焊片；削铅笔的小刀；细砂布；丙酮或酒精棉球；502 胶；绝缘胶布；薄膜片；细线；塑料托盘；砝码（若干，20g）。

3. 认识 BF350-3AA 型电阻应变片

BF350-3AA 型电阻应变片的电阻值为 350Ω±0.1Ω，基底为改性酚醛材料，栅丝为康铜箔材料，尺寸为 7.0mm×4.5mm，适用温度为 −30～60℃，全封闭结构，可同时实现温度自补偿和蠕变自补偿。该应变片带 3～5cm 长漆包线，精度高，稳定性好，使用方便。其实物如图 2-9 所示。

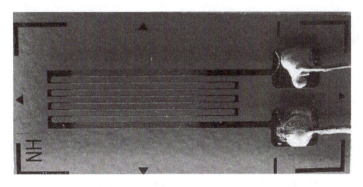

图 2-9　电阻应变片实物图

4. 实验步骤

（1）在小刀刀片上画出贴片定位线，刀片正反面均要粘贴一片应变片。在贴片处用细砂布按 45°方向交叉打磨。用浸有丙酮的棉球将打磨处擦洗干净。

（2）一手拿住应变片引线，一手拿 502 胶，在应变片基底底面涂上 502 胶水。立即将应变片底面向下放在刀片相应位置上，并使应变片基准对准定位线。将一小片薄膜盖在应变片上，用手指柔和压挤出多余的胶水，然后手指静压 1min，使应变片和刀片完全粘合后再放开。从应变片无引线的一端向有引线的一端揭掉薄膜。

（3）在紧挨应变片的下部贴上绝缘胶布，胶布下面用胶水粘接一片焊片。

（4）粘贴后的应变片在室温下自然干燥 15～24h，强光下观察应变片粘贴层有无气泡、漏粘、破损等情况。用万用表测量应变片敏感栅是否有短路或断路现象。

（5）按图 2-10 所示搭建好电路并将应变片的引线和连接电路的导线焊接在焊片上，以便固定。

（6）将小刀刀把固定于桌子边沿，刀片悬空。用细线吊着塑料托盘挂于刀片上，可用胶布固定好细线位置。

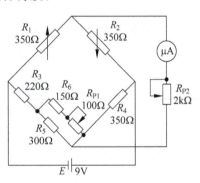

图 2-10　电阻应变式传感器
称重实验电路

（7）接通电源，调节零点电位器 R_{P1} 使微安表读数为零，即电桥平衡。

（8）取 20g 砝码一个放于托盘。待稳定后，记录微安表读数。R_{P2} 可用于调节读数为整数值。

（9）依次增加砝码数量，记录微安表读数，并将数值填写于表 2-3 中。

表 2-3　数据记录表

重量/g								
电流/μA								

(10) 绘制重量-电流曲线图。

(11) 分析在本实验中测得的数据可能存在的误差情况。

项目拓展

电阻应变式传感器的应用

电阻应变式传感器是非电量检测中技术最成熟的传感器。电阻应变式传感器具有结构简单、尺寸小、质量轻、价格便宜、精度高、性能稳定、寿命长、测量范围广等优点,可用于位移、压力、力矩、应变、温度、湿度、光强、辐射热、加速度、流量、压强等物理量的检测,是目前应用最广泛的传感器,占各类传感器总量的80%以上。部分常见的电阻应变式传感器如图2-11所示。常用的BX120系列应变片参数见表2-4。

(a) 轮辐式压力传感器　　(b) 拉压力传感器　　(c) 称重传感器　　(d) 平膜式压力传感器

(e) 剪切梁式力传感器　　(f) 柱式拉压力传感器　　(g) 扭矩传感器　　(h) 压力传感器

图 2-11　常见电阻应变式传感器

表 2-4　部分 BX120 系列应变片参数

产品型号	敏感栅尺寸/mm		基底尺寸/mm	
	长	宽	长	宽
BX120-0.5AA	0.5	0.5	3	2.5
BX120-1AA	1	0.6	2.3	3.5
BX120-1AA	1	1	3	2.5
BX120-2AA	2	1	4.5	2.4
BX120-2AA	2	2	6	4
BX120-3AA	3	2	6.6	3.3
BX120-3AA	3	3	7	4.5
BX120-4AA	4	2	9	4
BX120-4AA	4	4	9	6
BX120-5AA	5	3	9.4	5.3
BX120-6AA	6	2	10	4.5
BX120-7AA	7	4	12	7
BX120-8AA	8	3	13	6

续表

产品型号	敏感栅尺寸/mm		基底尺寸/mm	
	长	宽	长	宽
BX120-10AA	10	2	14.5	4.5
BX120-10AA	10	5	15	9
BX120-15AA	15	3	20	6
BX120-20AA	20	3	26	6
BX120-50AA	50	4	55	8
BX120-80AA	80	2.5	86	6
BX120-100AA	100	3	108	7

1. 柱(筒)式力传感器

柱式力传感器的弹性元件为实心柱,筒式力传感器的弹性元件为空心柱,应变片粘贴在弹性元件外壁应力分布均匀的中间部分,如图2-12(a)、(b)所示。测量时可在轴向和圆周方向布置相同数目的应变片,应变符号相反,从而构成半桥或全桥差动电路,如图2-12(c)、(d)所示。

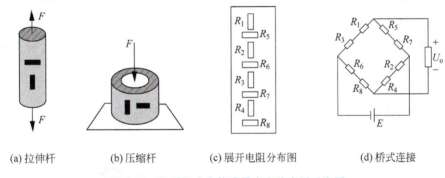

(a) 拉伸杆　　(b) 压缩杆　　(c) 展开电阻分布图　　(d) 桥式连接

图2-12　柱(筒)式力传感器应变片应用示意图

2. 梁式力传感器

梁式力传感器分为等截面梁传感器和等强度梁传感器两种类型,结构如图2-13所示。等截面悬臂梁的横截面积处处相等,当外力作用在梁的自由端时,固定端产生的应变最大;等强度梁是一种特殊形式的悬臂梁,长度方向的截面积按一定规律变化,当力作用在自由端时,力矩作用点任何截面积上应力相等。

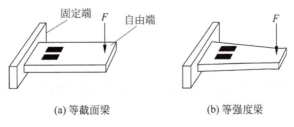

(a) 等截面梁　　(b) 等强度梁

图2-13　梁式力传感器

3. 加速度传感器

加速度传感器的结构如图 2-14 所示。悬臂梁的端部固定质量块，根部粘贴应变片。测量时，将基座固定在被测试件上。当被测试件以加速度 a 运动时，质量块受到一个与加速度方向相反的惯性力而使悬臂梁变形，从而使应变片产生应变。通过应变片检测出的应变值与加速度有线性关系。

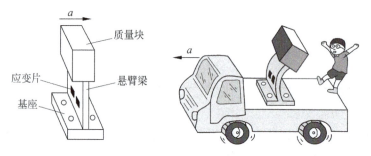

图 2-14 加速度传感器

4. 悬臂梁-弹簧组合式位移传感器

悬臂梁-弹簧组合式位移传感器的结构原理如图 2-15 所示。弹簧一端与测量杆连接，另一端与悬臂梁端部连接。悬臂梁根部正反面贴相同数目应变片，应变符号相反，构成半桥或全桥差动电路。测量时，测量杆随试件产生位移，带动弹簧，使悬臂梁根部发生弯曲，悬臂梁弯曲产生的应变与测量杆的位移成线性关系。

5. 弓型弹性元件位移传感器

图 2-16 所示为弓型弹性元件位移传感器，它可以测量很小区域内的应变与位移。医学上可将应变弓型传感器缝合在心肌上，用于测心肌力。

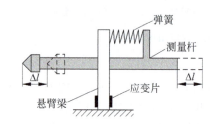

图 2-15 悬臂梁-弹簧组合式位移传感器

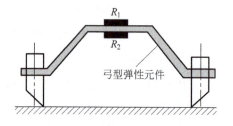

图 2-16 弓型弹性元件位移传感器

巩固练习

一、填空题

1. 金属导体或半导体材料在外力作用下产生应变的同时其阻值也会发生相应改变，这一物理现象称为_____效应。
2. 电阻应变片由_____、_____、_____、_____等部分组成。
3. 根据工作桥臂不同，电桥可分为_____、_____、_____三种工作方式。

二、判断题

1. 电桥平衡条件是两对边电阻值之比相等。　　　　　　　　　　（　　）
2. 半导体应变片的灵敏度比金属应变片的灵敏度高。　　　　　　（　　）
3. 电阻丝受力拉伸时,其阻值减小。　　　　　　　　　　　　　（　　）
4. 单臂半桥工作电路是差动工作方式。　　　　　　　　　　　　（　　）

三、简答题

1. 应变片电桥电路工作时为何要进行零点补偿?
2. 双臂半桥和四臂全桥电路为什么不需要进行温度补偿?

项目 3

电容式传感器的安装与调试

项目描述

电容式传感器是以各种类型的电容作为传感元件,将被测物理量的变化转换为电容量的变化,再经测量转换电路转换为电压、电流或频率的传感器。本项目通过电容式触摸按键的安装与调试、电容式接近开关的安装与调试,来学习电容式传感器的结构、原理和应用。

知识目标 了解电容式传感器的类型和基本结构;掌握变极距型、变面积型、变介电常数型电容式传感器的工作原理;了解电容式传感器的测量方法。

技能目标 学会识别常见的电容式传感器;掌握电容式传感器测量电路的调试方法和注意事项。

知识探究

一、电容式传感器

(一) 电容式传感器的工作原理和类型

以平板式电容器为例,它主要由两个金属极板和极板中间的电介质构成,如图 3-1 所示。

若在平板式电容器的两极板间加上电压,电极就会储存电荷,在忽略边缘效应的前提下,电容器的电容量 C 为

$$C = \frac{\varepsilon A}{d} \quad (3\text{-}1)$$

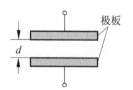

图 3-1 平板式电容器的结构

式中,ε 为电容极板间介质的介电常数(F/m);A 为两极板所覆盖的面积(m^2);d 为两极板间的距离(m)。

由式(3-1)可知,ε、A、d 发生变化时,电容量 C 随之变化,从而使输出电压或电流发生变化。A 或 d 的变化可以反映线位移、角位移、压力等的变化;ε 的变化可以反映液面高度、材料的温度等的变化。

实际应用时,通常保持 ε、A、d 中两个参数不变,而改变另一个参数来使电容量发生变化。因此,电容式传感器可分为变极距(d)型、变面积(A)型、变介电常数(ε)型三种类型。

(二) 变极距型电容式传感器

电容器极板覆盖面积和介电常数为常数,而电容器的极板间距为变量的传感器称为变极距型电容式传感器。常见的几种形式如图 3-2 所示。

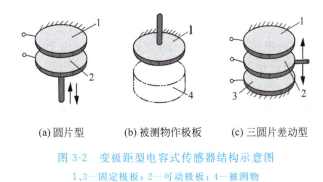

(a) 圆片型　　(b) 被测物作极板　　(c) 三圆片差动型

图 3-2　变极距型电容式传感器结构示意图

1、3—固定极板;2—可动极板;4—被测物

变极距型电容式传感器的初始电容值 $C_0 = \dfrac{\varepsilon A}{d_0}$。其中,ε 和 A 为常数,保持不变,$d_0$ 为电容极板的初始极距。当极距变化 Δd 后,电容的电容值变化 ΔC 为

$$\Delta C = \frac{\varepsilon A}{d_0 - \Delta d} - \frac{\varepsilon A}{d_0} = \frac{\varepsilon A}{d_0}\left(\frac{\Delta d}{d_0 - \Delta d}\right) = C_0\left(\frac{\Delta d}{d_0 - \Delta d}\right) \tag{3-2}$$

由式(3-2)可见,电容值的变化 ΔC 与极距的变化 Δd 不是线性关系。但是当 $\Delta d \ll d_0$,即极距变化值远小于极板初始间距时,可以认为 ΔC 与 Δd 是线性的。因此,变极距型电容式传感器一般用来测量微小变化的量,如 nm、μm 级的线位移。

在实际应用中,为了改善非线性,提高传感器的灵敏度和克服某些外界因素(如电源电压、环境温度等)对测量的影响,变极距型电容式传感器通常做成差动形式,如图 3-2(c) 所示,当可动极板移动后,1、2 之间与 2、3 之间的两个电容,一个电容量增大,另一个电容量减小,这样可以消除外界因素所造成的测量误差和非线性误差。

(三) 变面积型电容式传感器

极板间距和介电常数为常数,而电容器的面积为变量的传感器称为变面积型电容式传感器。这种传感器有线位移型和角位移型两种。线位移型电容式传感器又分为平面线位移和圆柱线位移两种,如图 3-3 所示。

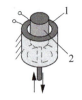 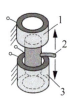 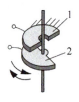

(a) 平面线位移型　　(b) 圆柱线位移单边型　　(c) 圆柱线位移差动型　　(d) 角位移型

图 3-3　变面积型电容式传感器结构示意图

1、3—固定极板；2—可动极板

变面积型电容式传感器的初始电容值 $C_0 = \dfrac{\varepsilon A_0}{d}$。其中，$\varepsilon$ 和 d 为常数保持不变，A_0 为电容极板的初始覆盖面积。当极板覆盖面积变化 ΔA 后，电容的电容值变化 ΔC 为

$$\Delta C = \frac{\varepsilon \Delta A}{d} = \frac{\varepsilon A_0}{d} \times \frac{\Delta A}{A_0} = C_0 \frac{\Delta A}{A_0} \tag{3-3}$$

由式(3-3)可见，在理想情况下，ΔC 与 ΔA 是线性的。但由于电场的边缘效应等因素影响，仍存在一定的非线性误差。

在实际应用中，为了提高测量精度，变面积型电容式传感器大多采用差动式结构，如图 3-3(c) 所示。当可动极板 2 上下移动后，1、2 之间与 2、3 之间的两个电容，一个遮盖面积增大，电容量增大，另一个遮盖面积减小，电容量减小。两者变化的数值相等、方向相反，构成差动变化。

(四) 变介电常数型电容式传感器

极板间距和极板覆盖面积为常数，而极板间介电常数为变量的传感器称为变介电常数型电容式传感器。如图 3-4 所示，当极板面积和极板极距一定时，电容量大小与被测固体材料的厚度 d_2 和被测固体材料的介电常数有关。如果已知材料的介电常数，可以制成测厚仪。已知材料的厚度，可以制成介电常数的测量仪。

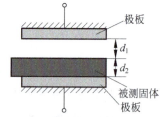

图 3-4　变介电常数型电容式传感器结构示意图

科学故事

电容器的鼻祖——莱顿瓶

最早的电容器叫作莱顿瓶，是由荷兰莱顿大学物理学教授马森布罗克于 1745 年发明的。原始的莱顿瓶是一个玻璃瓶，瓶里瓶外分别贴有锡箔，瓶里的锡箔通过金属链跟金属棒连接，棒的上端是一个金属球，这就构成以瓶子玻璃为电介质的电容器。

莱顿瓶的发明，为科学界提供了一种储存电的有效方法，为进一步深入研究电现象提供了强有力的手段，对电知识的传播与发展起到了重要作用。美国著名政治家、物理学家本杰明·富兰克林就是在莱顿瓶的实验基础上提出了电荷守恒定律。

二、电容式传感器的测量电路

电容式传感器转换元件将被测非电量的变化转换为电容量变化后,必须通过测量电路将其转换成电压、电流或频率信号。电容式传感器的测量电路有很多种,常用的有交流桥式电路、调频电路、脉冲宽度调制电路等。

(一) 交流桥式电路

1. 单臂桥式电路

图 3-5 所示是交流单臂桥式电路。高频电源经变压器接到电桥的一条对角线上,电容 C_1、C_2、C_3、C_X 构成电桥的四臂。其中 C_1、C_2、C_3 为固定电容,C_X 为电容式传感器。交流电桥平衡时 $\dot{U}=0$,要求:

$$\frac{C_1}{C_2} = \frac{C_X}{C_3} \tag{3-4}$$

当 C_X 改变时,$\dot{U} \neq 0$。电容式传感器的 C_X 值随被测物理量的变化而变化,所以输出电压就反映了被测物理量的变化值。

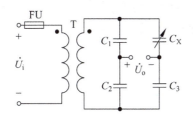

图 3-5 交流单臂桥式电路

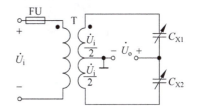

图 3-6 交流差动桥式电路

2. 变压器差动桥式电路

图 3-6 所示是交流差动桥式电路。其中 C_{X1} 和 C_{X2} 为差动式电容传感元件,两者变化的数值相等、方向相反。当电桥输出端开路(负载阻抗为无穷大)时,输出电压为

$$\dot{U}_o = \frac{\dot{U}_i}{2} \times \frac{C_{X1} - C_{X2}}{C_{X1} + C_{X2}} \tag{3-5}$$

如果 C_{X1} 和 C_{X2} 选用变极距型电容式传感器时,$C_{X1} = \frac{\varepsilon A}{d_0 - \Delta d}$,$C_{X2} = \frac{\varepsilon A}{d_0 + \Delta d}$,代入式(3-5),其中,$d_0$ 为电容极板初始极距,Δd 为电容极板极距变化值。则有:

$$\dot{U}_o = \frac{\dot{U}_i}{2} \times \frac{\Delta d}{d_0} \tag{3-6}$$

由式(3-6)可见,变压器差动桥式电路对于变极距型电容式传感器,其输出电压与极板极距位移也成线性关系。

(二) 调频电路

调频电路由振荡电路、限幅电路、鉴频电路、放大电路组成,如图 3-7 所示。电容式传感器作为

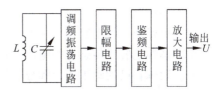

图 3-7 振荡器调频电路框图

振荡器谐振回路的一部分,当输入量使电容量发生变化后,振荡器的振荡频率发生变化。频率的变化在鉴频器中变换为电压振幅的变化,经过放大后就可以用仪表指示或用记录仪器记录下来。

(三)脉冲宽度调制电路

脉冲宽度调制电路可以对传感器电容进行充放电,使电路输出脉冲的宽度随电容式传感器的电容量变化而改变,从而通过低通滤波器得到对应于被测量变化的直流信号。

三、容栅式传感器

近年来,在变面积型电容式传感器的基础上发展了一种新型传感器,称为容栅式传感器。容栅式传感器分为长容栅式传感器和圆容栅式传感器。长容栅式传感器由定栅尺和动栅尺组成,结构如图3-8所示。

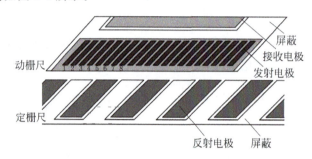

图3-8 容栅式传感器结构示意图

动栅尺上刻有发射电极和接收电极,定栅尺上刻有反射电极。将定栅尺和动栅尺的栅板面相对放置、平行安装、中间留有空隙,就形成一对对电容,电容之间并联连接。当定栅尺和动栅尺相对位移时,每对电容面积发生变化,因而容栅式传感器的总电容值由最大值到最小值、再由最小值到最大值,发生周期性变化,经电路处理后,就可得出位移量。

项目实施

一、电容式触摸按键的安装与调试

触摸屏以其易于使用、坚固耐用、反应速度快、节省空间等优点,在很多场合代替了传统按键,应用越来越广泛。本实验通过基于变面积型电容式传感器的触摸按键来控制发光二极管的亮灭。

1. 实验目的

(1)更好地了解电容式传感器的结构和特点。

(2)掌握电容式传感器的电路连接、调试方法、注意事项。

(3)锻炼自己的动手能力和分析解决问题的能力。

2. 实验器材

电容触摸模块(1个,参考价格15.00元,或者用TTP223-BA6芯片、电阻、电容自己搭建);电源(5V,可由 78W05 稳压电路输出);电阻(1个,560Ω);电阻(1个,10kΩ);发光二极管(1个,ϕ5);细导线若干;电烙铁;焊锡丝;万能板。

3. 认识电容触摸按键

TTP223-BA6 是具有触摸按键功能的集成电路芯片,是基于变面积型电容式传感器开发的。该芯片有六个管脚,其中,1 管脚为输出信号线,2 管脚接电源负极,3 管脚接触摸板,5 管脚接电源正极。另外,4 管脚 AHLB 与 6 管脚 TOG 可以设置,见表 3-1。

表 3-1 TTP223-BA6 管脚模式选择

TOG	AHLB	管脚模式选择
不焊接	不焊接	直接模式,高电平有效
不焊接	焊接	直接模式,低电平有效
焊接	不焊接	触发模式,上电状态为 0
焊接	焊接	触发模式,上电状态为 1

可以按图 3-9(a)所示搭建 TTP223-BA6 芯片的外围工作电路,也可以直接购买电容触摸模块,其实物如图 3-9(b)所示。电容触摸模块引出三个管脚,1 为信号输出,2 为电源正极,3 为电源负极。TTP223-BA6 芯片的 TOG 和 AHLB 管脚在模块中都制作成不连续的焊点,根据需要的管脚模式选择是否将焊点焊接短路。

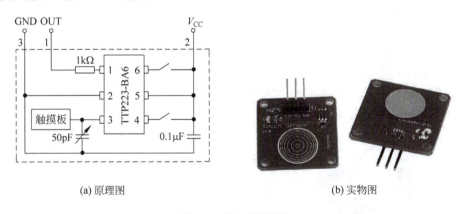

(a) 原理图 (b) 实物图

图 3-9 电容触摸模块

4. 实验步骤

(1) 将电容触摸模块上的 AHLB 焊点焊接起来,TOG 焊点不焊接,即选择 TTP223-BA6 芯片的管脚模式为直接模式,低电平有效。如果电容触摸模块有信号输出时,1 管脚 OUT 将输出低电平。

(2) 按图 3-10 所示搭建电路。电源接通后需要至少 0.5s 的稳定时间,此时间段内不要对触摸板进行触摸。

(3) 第一次触摸触摸板后,观察发光二极管 LED 的亮灭。第二次触摸触摸板后,观察发光二极管 LED 的亮灭。多次触摸,将实验结果记录在表 3-2 中。

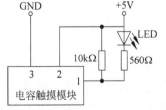

图 3-10 电容触摸模块实验电路

表 3-2　数据记录表

触摸次数	1	2	3	4
LED 亮灭				

(4) 思考如何设计电路,用电容触摸模块实现家用台灯的触摸开与关。

二、电容式接近开关的安装与调试

生产生活中经常会用到接近开关,它能够实现非接触性检测,应用非常广泛,例如检测电梯的通过位置,检测生产线上是否有产品包装箱,检测阀门的开或关等。本实验通过电容式接近开关来检测物体,发光二极管用来显示实验结果。

1. 实验目的

(1) 更好地了解电容式接近开关的结构、特性和接线方式。

(2) 锻炼自己的动手能力和分析、解决问题的能力。

2. 实验器材

电容式接近开关(1个,型号 LJC18A3-B-Z/BX,参考价格 25.00 元)、光电耦合器(1个,P521)、电阻(1个,1.5kΩ);电阻(1个,560Ω);电阻(1个,10kΩ);直流电源(24V);直流电源(5V);发光二极管(1个,φ5);书(1本);螺钉旋具(1个,十字花);导线若干。

3. 认识电容式接近开关

LJC18A3-B-Z/BX 型电容式接近开关是 NPN 三线常开型接近开关,如图 3-11 所示,它可以检测金属、塑料、木头、玻璃、水、油等多种物质。LJC18A3-B-Z/BX 的引出线有三根,棕色接电源正极,蓝色接电源负极,黑色为信号线,工作电压为直流 6~36V。它的感应距离为 1~10mm,感应距离可调,当电位器顺时针旋转时,检测距离增大,逆时针旋转时,检测距离变小,调节圈数最大为 10 圈。

(a) 实物图　　　(b) 接线图　　　(c) 调节面板

图 3-11　电容式接近开关

4. 实验步骤

(1) 首先,调节动作距离调节电位器。在电容式接近开关感应面前方无物体时,把电位器顺时针旋转,在接近开关的 ON 处停止旋转,如图 3-12(a)所示;然后将要检测的书靠近接近开关的感应面,距离在 10mm 内,慢慢向逆时针旋转电位器,在接近开关的 OFF 处停止旋转,如图 3-12(b)所示;然后将书拿走,将电位器置于 ON 和 OFF 中间,则调节完毕,如图 3-12(c)所示。

(2) 按图 3-13 所示搭建电路,则可以开始书本的检测实验。

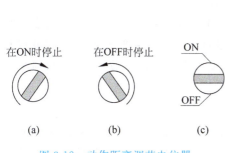

图 3-12 动作距离调节电位器　　　　　图 3-13 实验电路

(3) 用书本由远及近,慢慢靠近电容式接近开关,观察发光二极管 LED 的亮灭。将实验结果记录到表 3-3 中。

表 3-3 数据记录表

发光二极管 LED 状态	亮	灭
障碍物与接近开关距离		

(4) 在实验中注意:电容式接近开关不要在露天环境或被水溅到的地方使用,不要与电力线、动力线同管走线,不要大力拉接近开关的电源线,不要用硬的物体撞击感应面。

 项目拓展

一、电容式传感器的应用

电容式传感器具有结构简单、体积小、分辨率高、动态特性好、温度稳定性高的特点,目前已广泛应用于位移、振动、角度、加速度、压力、液位、成分等的测量。部分常见的电容式传感器如图 3-14 所示。

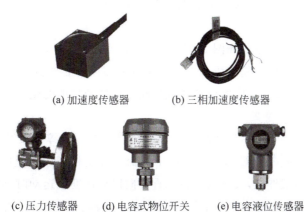

图 3-14 常见的电容式传感器

1. 电容式测厚仪

电容式测厚仪主要用于测量金属带材在轧制过程中的厚度,其工作原理如图 3-15 所示。在被测带材的上下两侧同样距离处各安装一个面积相等的极板,并且用导线连接作为电容的一个极板,带材作为电容的另一个极板。带材的厚度发生变化时,将引起电容上下两个极板间距的变化,从而引起电容量的变化,用交流电桥检测并放大,可检测到厚度变化。

2. 电容式听诊器

图 3-16 所示为生物医学上应用的电容式听诊器结构示意图。绷紧的膜片作为可动极板。当膜片受到声压的作用时,与固定极板的间隙发生变化,从而改变了极板间的电容。

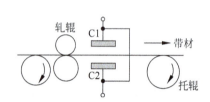

图 3-15 电容式测厚仪结构示意图

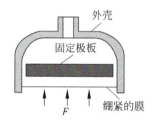

图 3-16 电容式听诊器结构示意图

3. 电容式荷重传感器

电容式荷重传感器的结构如图 3-17 所示。在一块浇铸性好、弹性极高的特种钢同一高度打上一排圆孔,在孔的内壁用特殊的粘结剂固定两个截面为 T 形的绝缘体,保持其平行又留有一定间隙,在 T 形绝缘体顶平面粘贴铜箔,从而形成一排平行的平板电容。当钢块上端面承受重量时,将使圆孔变形,每个孔中的电容极板的间隙随之变小,其电容增大。由于在电路上各电容是并联的,所以输出反映的是平均作用力的变化。

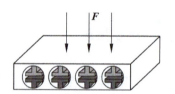

图 3-17 电容式荷重传感器结构示意图

4. 电容式液位传感器

电容式液位传感器的原理如图 3-18 所示。两个内径分别为 R_1、R_2 的同心圆筒壁构成电容器的两个极板。极板间介质有空气和所测液体两种。当液位发生变化,介电常数发生变化,电容值随之改变。电容值的改变反映了液体液位的变化。

5. 电容式加速度传感器

电容式加速度传感器的结构如图 3-19 所示。弹簧片 3 支撑着质量块 4。质量块的上端面与固定极板 5 构成电容 C_{1X},质量块的下端面与固定极板 1 构成电容 C_{2X}。测量时,将壳体 2 固定在被测试件上,被测试件在垂直方向以加速度 a 运动时,质量块由于惯性发生位移,使得 C_{1X} 和 C_{2X} 的电容值一个增大一个减小,构成差动方式。电容变化反应加速度的变化。

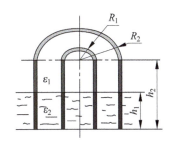

图 3-18 变介电常数式电容液位
传感器原理图

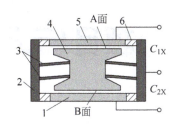

图 3-19 电容式加速度传感器结构示意图
1、5—固定极板；2—壳体；3—簧片；4—质量块；6—绝缘体

二、容栅式传感器的应用

容栅式传感器具有结构简单、体积小、能耗低、精度高、重复性好、动态响应快、抗干扰能力强、能在高温恶劣环境下使用等优点，因此广泛应用在千分尺、电子数显卡尺、高度仪、坐标仪等量具量仪中。常见的容栅式传感器及应用如图 3-20 所示。

(a) 容栅测微计　　　　　(b) 容栅千分尺

图 3-20 常见的容栅式传感器

一、填空题

1. 电容式传感器可分为_____、_____、_____三种类型。
2. 电容器的极板覆盖面积和介电常数不变、极板间距减小时,电容值_____；电容器的极板间距和介电常数不变、极板覆盖面积增大时,电容值_____。
3. 电容式传感器常用的测量电路有_____、_____、_____等。

二、判断题

1. 容栅式传感器常应用于精密的量具量仪中。　　　　　　　　　　　　（　　）
2. 两个电容变化的数值相等、方向相反,构成差动变化。　　　　　　　（　　）

三、简答题

1. 为什么变极距型电容式传感器的电容变化值与极距变化值是非线性的？采取什么措施可改善其非线性？
2. 为什么变极距型电容式传感器一般用来测量微小的位移？

项目 4

压电式简易门铃的制作与调试

压电式传感器是以某些电介质的压电效应为基础的传感器。它既可以把机械能转化为电能，也可以把电能转化为机械能。本项目通过压电式简易门铃的制作与调试，学习压电式传感器的结构、原理与应用。

知识目标　了解压电效应和压电材料；了解压电式传感器的测量方法和特点。

技能目标　学会识别常见的压电式传感器；掌握压电式传感器的使用方法；掌握压电式传感器测量电路的调试方法。

一、压电式传感器的工作原理

（一）压电效应

1880 年，法国物理学家皮埃尔·居里和雅克·居里兄弟发现了压电效应。压电效应又分为正压电效应和逆电压效应。

1. 正压电效应

当沿着一定方向对某些电介物质加力而使其变形时，其内部产生极化现象，同时在它的两个表面上产生极性相反的电荷；当外力去掉后，它又重新回到不带电状态，这种现象称作"正压电效应"，如图 4-1 所示。

具有压电效应的电介物质称为压电材料，自然界中大多数晶体都具有"压电效应"。压电晶体受力产生的电荷极性随作用力方向的改变而改变。压电晶体受力产生的电荷量

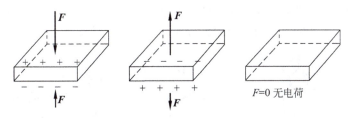

图 4-1 压电效应

与外力大小成正比。

$$Q = dF \tag{4-1}$$

式中，Q 为压电晶体某个表面上的电荷量(C)；F 为外加作用力(N)；d 为压电系数(C/N)。由于压电晶体的各向异性，所以当受力方向和受力方式不同时，压电系数也不相同。

2．逆压电效应

当在电介物质的极化方向施加电场时，这些电介质就在一定方向上产生机械变形或机械应力；当外加电场撤去时，这些变形或应力也随之消失，这种现象称为"逆电压效应"。

当外加电场以很高的频率按正弦规律变化时，压电元件的机械变形也将按正弦规律快速变化，使压电元件产生机械振动，超声波发射元件就是利用这种效应制作的。

科学故事

居里的奖励

政府欲奖励贡献卓越的人荣誉勋章，让巴黎科学院院长保罗·阿佩尔提供名单。院长知道皮埃尔·居里十分需要的是实验室和设备，因此特意写信给居里，打算说服她接受这个勋章。但居里觉得奖励一个科学家的不是工作所需，而是一条系着珐琅质十字章的红丝带真是太可笑了。于是，居里给院长的答复是：

"我丝毫不感到需要勋章，我需要一个实验室。"

（二）压电材料

压电材料可分为压电晶体、压电陶瓷、高分子压电材料三大类。常见的压电材料如图 4-2 所示。

1．压电晶体

压电晶体是一种单晶体，如天然石英晶体、人造石英晶体、水溶性压电晶体等。其中，石英晶体结构是结晶六边形体系，它上面有三个直角坐标轴，如图 4-3 所示。Z 轴称为光轴，它与晶体的纵轴线方向一致，在

图 4-2 压电材料

该轴方向上没有压电效应;X 轴称为电轴,垂直于 X 轴晶面上的压电效应最显著;Y 轴称为机械轴,在电场的作用下沿此轴方向的机械变形最显著。

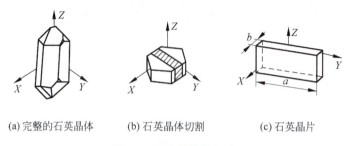

(a) 完整的石英晶体　　(b) 石英晶体切割　　(c) 石英晶片

图 4-3　石英晶体及切片

从石英晶体上沿 X、Y、Z 轴线切下平行六面体的薄片称为晶体切片。当沿 X 轴施加压力 F_X 时,在与 X 轴垂直面上产生电荷,Q_X 为

$$Q_X = d_1 F_X \tag{4-2}$$

同一切片上,沿 Y 轴施加压力 F_Y 时,仍在与 X 轴垂直面上产生电荷,Q_X 为

$$Q_X = -d_1 \frac{a}{b} F_Y \tag{4-3}$$

式中,d_1 为 X 轴方向受力的压电系数;a、b 分别为晶体切片的长度和厚度。

在晶体切片上产生电荷的极性与受力的方向有关,如图 4-4 所示。

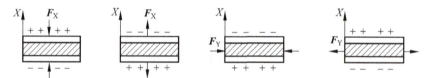

图 4-4　晶体电荷极性与受力方向的关系

2. 压电陶瓷

压电陶瓷是一种人工制造经极化处理的多晶体压电材料,如钛酸钡、锆钛酸铅,它具有类似铁磁材料的磁畴和电畴结构。

无外电场作用时,各个电畴在晶体中杂乱分布,它们的极化效应相互抵消,因此原始压电陶瓷呈中性,不具有压电特性。100～170℃温度下,在压电陶瓷上施加高压电场时,电畴的极化方向发生变化,趋向于按外电场方向排列,从而使材料得到极化。极化处理后,去掉外电场,电畴的极化方向基本不变,材料具有了压电特性。如图 4-5 所示为钛酸钡压电陶瓷未极化和极化后的电畴结构。

当沿极化方向施加作用力时,压电陶瓷的两个极化面上分别出现正、负电荷,如图 4-6 所示。

3. 高分子压电材料

高分子压电材料是某些合成高分子聚合物薄膜经延展拉伸和电场极化后,具有一定的压电性能,如聚偏二氟乙烯、压电橡胶等高分子有机物以及压电半导体材料。

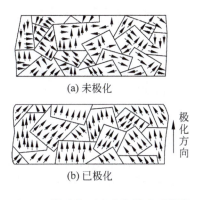

图 4-5　钛酸钡压电陶瓷的电畴结构

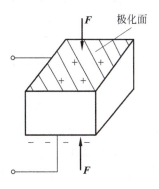

图 4-6　压电陶瓷压电原理

二、压电式传感器的测量电路

(一) 等效电路

将压电晶片产生电荷的两个晶面封装上金属电极后,构成了压电元件。当压电元件受力时,就会在两个电极上产生等量的正、负电荷。因此,压电元件相当于一个电荷源;压电元件两个电极之间是绝缘的压电介质,因此它又相当于一个以压电材料为介质的电容器,其电容值为

$$C_a = \varepsilon_r \varepsilon_0 S / \delta \tag{4-4}$$

式中,S 为压电元件电极板面积;δ 为压电元件厚度;ε_r 为压电材料的相对介电常数;ε_0 为真空的介电常数。

当压电元件受到外力作用时,两表面产生等量的正、负电荷 Q,压电元件的开路电压 U_a 为

$$U_a = Q / C_a \tag{4-5}$$

所以,可以把压电元件等效为一个电荷源 Q 并联一个电容器 C_a 的电荷等效电路,如图 4-7(a)所示。或者,等效为一个电压源 U 串联一个电容器 C_a 的电压等效电路,如图 4-7(b)所示。

实际上,压电式传感器与二次仪表配套使用时,还应考虑到连接电缆的等效电容 C_c。若放大器的输入电阻为 R_i,输入电容为 C_i,则完整等效电路

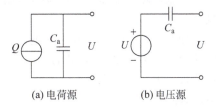

图 4-7　压电元件的等效电路

如图 4-8 所示,R_a 为压电元件漏电阻。由于外力作用在压电元件上产生的电荷只有在无泄漏的情况下才能保存,即需要转换电路具有无限大的输入阻抗,这实际上是不可能的,因此压电式传感器不能用于静态测量。压电元件在交变力的作用下,电荷可以不断补充,可以供给转换电路以一定的电流,故只适用于动态测量。

(二) 测量电路

压电式传感器产生的电量非常小,所以要求测量电路输入级的输入电阻非常大以减小测量误差。因此,在压电式传感器的输出端,需要先接入前置放大器,然后再接入一般

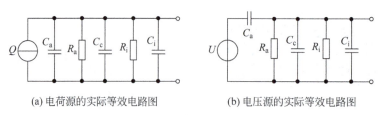

(a) 电荷源的实际等效电路图　　　(b) 电压源的实际等效电路图

图 4-8　压电元件实际等效电路图

的放大电路。前置放大器的作用有两个：一是放大压电元件的微弱电信号；二是把高阻抗输入变换为低阻抗输出。前置放大器有两种形式：一种是电荷放大器，其输出电压与输入电荷成正比，如图 4-9 所示；一种是电压放大器，其输出电压与输入电压成正比，如图 4-10 所示。

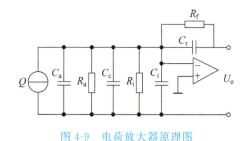

图 4-9　电荷放大器原理图

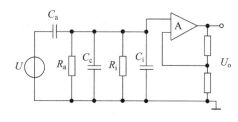

图 4-10　电压放大器原理图

（三）压电元件的串并联

如图 4-11(a) 所示为串联电路，上极板产生的负电荷和下极板产生的正电荷相互抵消，因此，输出的总电荷等于单片极板的电荷量。总电容为单片极板电容的一半，输出电压为单片极板电压的两倍。

$$Q_{串} = Q, \quad C_{串} = C/2, \quad U_{串} = 2U \tag{4-6}$$

串联法输出电压大，电容小，适用于电压作为输出信号并且测量电路输入阻抗很高的场合。

如图 4-11(b) 所示为并联电路，输出的总电荷量为单片极板电荷量的两倍。总电容为单片极板电容的两倍，输出电压等于单片极板电压，即

$$Q_{并} = 2Q, \quad C_{并} = 2C, \quad U_{并} = U \tag{4-7}$$

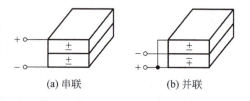

(a) 串联　　　(b) 并联

图 4-11　两片压电晶片的连接

并联接法输出电荷大，本身电容大，时间常数大，适于测量慢变信号，并且适用于电荷作为输出量的场合。

压电式简易门铃的制作与调试

门铃为千家万户带来了便利，门铃的种类也多种多样。压电陶瓷片作为一种电子发

音元件,由于结构简单、造价低廉,被广泛用于玩具、发音电子表、电子仪器、电子钟表、定时器等电子产品。在本实验中,使用压电陶瓷制作简易门铃。

1. 实验目的

(1) 更好地了解压电式传感器的结构和特点。

(2) 更好地掌握压电式传感器检测电路的搭建与调试。

(3) 锻炼自己的动手能力和分析、解决问题的能力。

2. 实验器材

压电陶瓷片(1 片,型号 HTD27A-1,参考价格 1.00 元);电池(2 个,5 号电池,电压 1.5V);电容(1 个,470pF);电解电容(1 个,$47\mu F$);三极管(1 个,9014);三极管(1 个,9015);电阻(1 个,470Ω);电阻(1 个,100kΩ);万用表 1 个;细导线若干;502 胶 1 个;电烙铁 1 个;焊锡丝若干;万能板 1 块。

3. 认识压电陶瓷片

HTD27A-1 型压电陶瓷片是一种电子发音元件。如图 4-12 所示,金属片和镀银层为它的两个电极,在两个电极中间放入压电陶瓷介质材料,当在两片电极上面接通交流音频信号时,压电片会根据信号的大小频率产生振动而发出相应的声音。金属圆片的直径为 27mm,压电陶瓷圆片的直径为 20mm。

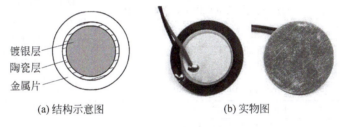

图 4-12　HTD27A-1 型压电陶瓷片

4. 实验步骤

(1) 判断压电陶瓷片的好坏。将指针式万用表拨至直流电压 2.5V 挡,万用表的红黑表笔分别接压电陶瓷片的两个电极。用手指稍用力压一下陶瓷片,随即放松,压电陶瓷片上就先后产生两个极性相反的电压信号。万用表的指针先是向零点一侧偏转,接着返回零位,又向零点另一侧偏转。在压力相同的情况下,摆幅越大,压电陶瓷片的灵敏度越高。若表针不动,说明压电陶瓷片内部漏电或者破损。

(2) 按图 4-13 所示搭建电路,其中 HTD 压电陶瓷片可用 502 胶将有引出线的一面固定在万能板上。该电路中,三极管组成放大电路,压电陶瓷片 HTD 既是反馈元件,又是发音元件。电阻 R_1 是 Q_1 的偏置电阻,其阻值的大小一方面决定电路的工作电流,同时对发音音

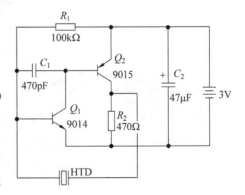

图 4-13　实验电路

调的高低也有很大影响。R_1 阻值增大,HTD 发声音调低沉;R_1 阻值减小,HTD 发声音调变高。电容 C_1 是 Q_1 的负反馈电容,改变其容量大小可以改变 HTD 的发声音色。

(3) 电路搭建好后,可用手指轻触压电陶瓷片的金属面,观察不同力度下压电陶瓷片的发声区别。

(4) 调节 R_1 电阻阻值,观察受力相同情况下压电陶瓷片的发声区别。

压电式传感器的应用

压电式传感器具有体积小、质量轻、结构简单、可靠性高、灵敏度高、固有频率高、信噪比高等优点,可用于压力、加速度、机械冲击、振动等物理量的测量,广泛应用于声学、力学、医学、宇航等领域。压电式传感器的主要应用类型与用途见表 4-1,部分常见压电式传感器如图 4-14 所示。

表 4-1 压电式传感器的主要应用类型与用途

传感器类型	转换方式	压电材料	用途
力敏	力→电	石英晶体、ZnO、$BaTiO_3$、PZT、PMS、电致伸缩材料	微拾音器、声呐、应变仪、气体点火器、血压计、压电陀螺、压力和加速度传感器
声敏	声→电	石英晶体、压电陶瓷	振动器、微音器、超声波探测器、助听器
声敏	声→压	石英晶体、压电陶瓷	振动器、微音器、超声波探测器、助听器
声敏	声→光	$PbMoO_4$、$PbTiO_3$、$LiNbO_3$	声光效应器件
光敏	光→电	$LiTaO_3$、$PbTiO_3$	热电红外线探测器
热敏	热→电	$BaTiO_3$、$LiTaO_3$、$PbTiO_3$、TGS、PZO	温度计

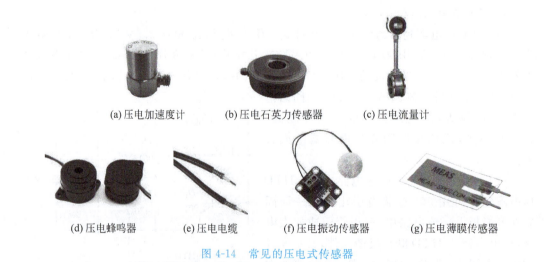

图 4-14 常见的压电式传感器

1. 压电式单向测力传感器

压电式单向测力传感器的结构如图 4-15 所示。被测力通过上盖使石英晶片在电轴方向受压力作用而产生电荷,两块石英晶片并联叠加,提高了传感器的灵敏度。负电荷从两个石英晶片中间的片形电极输出,正电荷通过与基座相连的石英晶片一侧输出,最后电极通过电极引出插头引出。

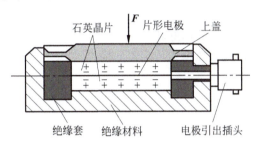

图 4-15　压电式单向测力传感器结构示意图

压电式单向测力传感器的体积小、质量轻,可检测高达 5000N 的动态力,主要用于变化频率中等的动态力的测量,如机床动态切削力以及各种机械设备所承受的冲击力等。

2. 压电式加速度传感器

压电式加速度传感器结构如图 4-16 所示。两片压电片并联,底端与基座相连。惯性质量块上有施加预紧力的弹簧片。测量时,通过基座底部的螺孔将传感器与被测试件刚性地固定在一起。当被测试件发生振动,质量块就有一正比于加速度的交变力作用在压电晶片上,产生电荷,经前置放大和放大电路处理,反映加速度的大小。

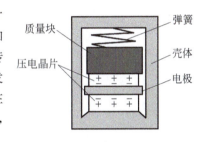

图 4-16　压电式加速度传感器结构示意图

另外,压电薄膜传感器被广泛用于检测车轴数和轴距、车速监控、车型分类、动态称重(WIM)、收费站地磅、闯红灯拍照、停车区域监控、交通信息采集及机场滑行道监控;压电陶瓷超声传感器可用于电子产品的遥控装置、液面控制、超声波测距和测速、接近开关、防盗等装置;压电蜂鸣器可用于家用电器、报警器、通信终端、计算机、玩具及其他电子产品的报警系统。

巩固练习

一、填空题

1. 把机械能转化为电能是利用了压电材料的_____效应。
2. 在石英晶体切片上产生的电荷的极性与受力的_____有关。
3. 压电材料可分为_____、_____、_____三大类。
4. 压电元件可以等效为一个电荷源_____一个电容器的电荷等效电路。或者等效为一个电压源_____一个电容器的电压等效电路。

二、计算题

某一石英晶片电轴方向的压电系数 $d_1 = 2 \times 10^{-12}$ C/N,石英晶片的长度是宽度的 2 倍,是厚度的 4 倍。试计算:

(1) 沿电轴施加 2×10^6 N 的压力时,晶片产生的电量 Q_X。

(2) 沿机械轴施加 3×10^6 N 的拉力时,晶片产生的电量 Q_Y。

三、简答题

1. 简述如何判断压电陶瓷片的好坏。

2. 采取哪些措施可以提高压电式传感器的输出?

项目 5

热电式传感器的安装与调试

 项目描述

热电式传感器是将温度变化转换为电量变化的传感器,即利用某些材料或元件的性能随温度变化的特性来进行测量的,例如将温度变化转换为电阻、热电动势、热膨胀、磁导率等的变化,再通过适当的测量电路达到检测温度的目的。本项目通过热电偶、热敏电阻温控开关实验和集成温度传感器的安装与调试,来学习热电式传感器的结构、原理和应用。

知识目标 了解热电偶的基本结构、工作原理与测量方法;了解金属热电阻的基本结构、工作原理与测量方法;了解热敏电阻的基本结构、工作原理与测量方法。

技能目标 学会识别常见的热电式传感器;掌握热电偶的使用方法;掌握热敏电阻的测量方法;了解集成温度传感器的使用方法。

在国民经济的各个重要领域,例如安全防范、交通运输、汽车工业、动力资源开发、工业测量与控制、防灾安全技术等领域,都把温度作为设计或控制的重要参数,都离不开热电式传感器。

最常用的热电式传感器有热电偶和热电阻。热电偶是将温度变化转换为电势的变化;热电阻是将温度变化转换为电阻的变化。热电阻又分为金属热电阻和半导体热电阻,前者称为热电阻,后者称为热敏电阻。

一、热电偶

(一) 热电偶的工作原理

1. 热电效应

1821 年德国物理学家塞贝克发现:两种不同材料的金属导体 A 和 B 组成闭合回路,

如果两结合点 1 和 2 出现温差，在回路中将产生电动势，这种现象称为热电效应，或塞贝克效应。这两种不同导体的组合称为热电偶，如图 5-1 所示，结点 1 通常用焊接的方法连接在一起，置于被测温度场中，称为测量端（工作端或热端）。结点 2 置于某一恒定温度场中，称为参考端（自由端或冷端）。热电偶产生的温差电动势 $E_{AB}(T,T_0)$ 是由两种导体的接触电势和单一导体的温差电势组成。

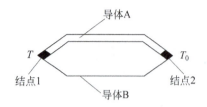

图 5-1　热电偶的原理图

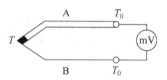

图 5-2　热电偶测量回路示意图

2. 中间导体定律

在热电偶回路中接入第三种材料的中间导体 C，只要中间导体的两端温度相同，则这一导体的引入不会改变原来热电偶的热电动势大小，即

$$E_{ABC}(T,T_0) = E_{AB}(T,T_0) \tag{5-1}$$

因此，各种仪表和连接导线可以看成中间导体，只要两端温度相同，就可以接入热电偶构成测量回路，对热电动势没有影响，如图 5-2 所示。

3. 中间温度定律

中间温度定律是指，热电偶 AB 在接点温度为 T、T_0 时的热电动势，等于该热电偶在接点温度 T、T_n 和 T_n、T_0 时的热电动势之和，即

$$E_{AB}(T,T_0) = E_{AB}(T,T_n) + E_{AB}(T_n,T_0) \tag{5-2}$$

4. 热电偶分度表

工程上将参考端温度 T_0 取为 0℃时，测量端温度与热电偶热电动势的对应关系列成表格，称为热电偶分度表。如果实际测量时参考端温度不是 0℃，应根据中间温度定律转换后查询。常用的镍铬-镍硅热电偶分度表见附录中附表 1，铂铑 10-铂热电偶分度表见附录中附表 2。

5. 参考电极定律

当测量端和参考端温度分别为 T、T_0 时，用导体 AB 组成的热电偶的热电动势等于 AC 热电偶和 CB 热电偶的热电动势之和，即

$$E_{AB}(T,T_0) = E_{AC}(T,T_0) + E_{CB}(T,T_0) \tag{5-3}$$

应用练习

用镍铬-镍硅热电偶测炉温，已知参考端温度为 20℃，在直流电位计上测得的热电动势为 33.297mV，求炉温。

① 查询镍铬-镍硅热电偶 K 分度表，找到 $E_{AB}(20℃,0℃) = 0.798$mV。

② 根据中间温度定律，$E_{AB}(T,0℃) = E_{AB}(T,T_n) + E_{AB}(T_n,0℃) = E_{AB}(T,20℃) +$

$E_{AB}(20℃,0℃)=33.297\text{mV}+0.798\text{mV}=34.095\text{mV}$。

③ 查询分度表,由 34.095mV,得出炉温为 820℃。

(二) 热电偶的测量电路

1. 基本测量电路

如图 5-3 所示为热电偶的基本测量电路,一支热电偶配一台显示仪表直接测量温度。

2. 测量两点温度之和(平均温度)

使用多根型号相同的热电偶正向串联测温,能够成倍地提高热电动势的输出,提高测量的灵敏度,称为热电堆。如图 5-4 所示,将两支型号相同的热电偶正向串联,用来测量两点温度之和(除以 2 可得平均温度)。

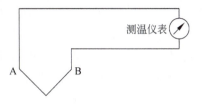

图 5-3 热电偶的基本测量电路

3. 测量两点温度之差

如图 5-5 所示,将两支型号相同的热电偶反向串联,用来测量两点温度之差。

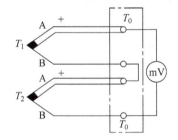

图 5-4 两点间温度之和的测量

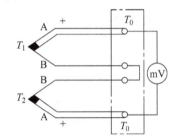

图 5-5 两点间温度之差的测量

(三) 热电偶的结构和特点

工程实际中常用的热电偶结构大多由热电极、绝缘套管、保护套管和接线盒等部分组成,如图 5-6 所示。

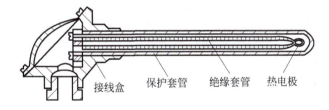

图 5-6 工业热电偶结构示意图

热电极通常以热电极材料种类来命名,例如铂铑-铂热电偶、镍铬-镍硅热电偶。绝缘套管通常用陶瓷、石英、氧化铝等材料制成,用以保证热电极和连接导线之间良好的电绝缘性。保护套管的作用是使热电极与测温介质隔离,使之避免受到化学侵蚀或机械损伤;接线盒供连接热电偶和测量仪表之用。

热电偶结构简单,可按实际需要配制形状和大小,使用方便,实物如图5-7所示。热电偶的输出灵敏度一般为 $\mu V/℃$,室温下的典型输出电压为 mV 级,测量范围为 $-269 \sim 1800℃$。热电偶便于远距离测量、自动记录及多点测量,在工业生产中应用广泛。热电偶安装时应避开强磁场和强电场,所以不应与动力电缆线装在同一根导管内,以避免引入干扰造成误差;测量液体温度时,热电偶不能安装在被测

图 5-7 热电偶

介质很少流动的区域内;测气体温度时,必须使热电偶逆着流速方向安装,并与气体充分接触。热电偶容易受到环境干扰信号的影响,因此不适合测量微小的温度变化。

常用热电偶可分为标准热电偶和非标准热电偶两大类。标准热电偶是指国家标准规定了其热电势与温度的关系、允许误差,并有统一的标准分度表的热电偶,它有与其配套的显示仪表可供选用。非标准化热电偶在使用范围或数量级上均不及标准化热电偶,一般也没有统一的分度表,主要用于某些特殊场合的测量。根据国家标准 GB/T 30429—2013,工业热电偶的特性见表5-1。

表 5-1 工业热电偶的特性

热电偶类型	代号	极 性		长期使用温度上限/℃	短期使用温度上限/℃
		正极	负极		
铂铑 10%-铂	S	铂铑 10%	铂	1400	1600
铂铑 13%-铂	R	铂铑 13%	铂	1400	1600
铂铑 30%-铂铑 6%	B	铂铑 30%	铂铑 6%	1600	1700
铁-铜镍(康铜)	J	铁	铜镍(康铜)	600	750
铜-铜镍(康铜)	T	铜	铜镍	350	400
镍铬-铜镍(康铜)	E	镍铬	铜镍	750	900
镍铬硅-镍硅	N	镍铬硅	镍硅	1200	1300
镍铬-镍铝(硅)	K	镍铬	镍铝(硅)	1200	1300

科学故事

塞贝克效应与温差发电

塞贝克效应不仅促使了热电偶的发明,还为温差发电奠定了理论基础。

温差发电可直接将热能转化为电能,是一种全固态能量转换方式。通过放射性同位素热源,可为航天器供电,为人类在更远的星球探索中提供电能;造纸业、冶炼业、垃圾焚烧、汽车余热、海洋温差热、地热等资源都可变废为宝。

温差发电将在军用电池、远程空间探测器、远距离通信与导航、微电子甚至民用等领域发挥无可替代的作用。

虽然温差发电已有诸多应用,但是还存在发电效率低的局限性。随着温差发电技术的发展,以及一批高性能热电转换材料的开发成功,相信人类逐渐解决能源危机、消除能源使用所带来的环境污染,将不再只是梦想。

二、金属热电阻

金属热电阻是利用金属导体的电阻与温度成一定函数关系的特性而制成的感温元件。当被测温度变化时,导体的电阻随温度而变化,通过测量电阻值的变化而得出温度变化的情况,这就是热电阻测温的基本工作原理。常用热电阻材料有铂、铜、镍、铁等,常见的热电阻如图 5-8 所示。

(a) 铠装热电阻

(b) 金属铂热电阻

图 5-8 热电阻

(一) 铂电阻

铂是目前公认的制造热电阻的最好材料。铂热电阻的性能稳定,重复性好,测量精度高,主要用于制成标准电阻温度计。铂热电阻的测温范围为 $-200 \sim +850℃$,铂的电阻值与温度的关系如下。

当温度 t 为 $0 \sim 850℃$ 时,

$$R_t = R_0(1 + At + Bt^2) \tag{5-4}$$

当温度 t 为 $-200 \sim 0℃$ 时,

$$R_t = R_0[1 + At + Bt^2 + Ct^3(t-100)] \tag{5-5}$$

式中,A、B、C 为常数($A = 3.96847 \times 10^{-3} \Omega/℃$;$B = -5.847 \times 10^{-7} \Omega/℃$;$C = -4.22 \times 10^{-12} \Omega/℃$);$R_t$ 是温度为 t 时的电阻值;R_0 是温度为 $0℃$ 时的电阻值。

可见,热电阻的阻值 R_t 不仅与 t 有关,还与 $0℃$ 时的电阻值 R_0 有关。R_t 与 t 的相应关系列成表格,称为分度表。测量温度时,只要知道热电阻的 R_t 值,便可在分度表上查到对应温度值。目前工业用铂电阻的分度号为 Pt10 和 Pt100 两种。Pt10 在 $0℃$ 时的阻值为 10Ω,主要用于 $650℃$ 以上温区测量。Pt100 在 $0℃$ 时的阻值为 100Ω,主要用于 $650℃$ 以下温区测量。Pt100 铂热电阻的分度表见附录中附表 3。

(二) 热电阻测温电路

最常用的热电阻测温电路是电桥电路,如图 5-9 所示。图中 R_1、R_2、R_3、R_t(或 R_q、R_m)组成电桥的 4 个桥臂,其中 R_t 是热电阻,R_q、R_m 分别是调零和调满刻度的调整电阻。

测量时先将切换开关 S 扳到"1"位置,调节 R_q 使仪表指示为零,然后将 S 扳到"3"位置,调节 R_m 使仪表指示到满刻度。将 S 扳到"2"位置,则可进行正常测量。

若热电阻安装的地方与指示仪表相距太远,由于热电阻本身阻值较小,连接导线的电阻受到温度影响发生变化,会给测量带来误差。为减小误差,可采用三线制或四线制接法。

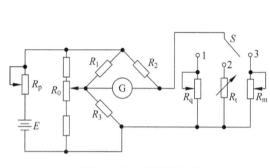

图 5-9 热电阻测温电路

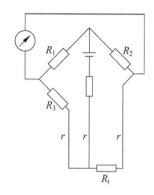

图 5-10 热电阻三线制接法

图 5-10 所示为热电阻的三线制接法,热电阻的一端与一根导线相连,另一端同时连接两根导线,三根导线的粗细、材质、长度相同,阻值都是 r。当电桥平衡时,则

$$(R_1+r)R_1=(R_3+r)R_2 \tag{5-6}$$

即

$$R_t=(R_3+r)R_2/R_1-r \tag{5-7}$$

设计时使得 $R_1=R_2$,导线电阻 r 对热电阻的测量会毫无影响。当采用不平衡电桥与热电阻配合测量温度时,虽不能完全消除导线电阻 r 的影响,但也大大减小了误差。

三、热敏电阻

热敏电阻是一种新型的半导体测温元件,它是利用半导体的电阻随温度变化的特性制成的测温元件。按温度系数可分为负温度系数热敏电阻(NTC)、正温度系数热敏电阻(PTC)和临界温度系数热敏电阻(CTR)。三类热敏电阻的电阻率 ρ 与温度 t 的变化曲线如图 5-11 所示。

NTC 热敏电阻生产最早、最成熟,使用范围广,最常见的是由锰、钴、铁、镍、铜等金属氧化物中的两到三种混合烧结而成。NTC 热敏电阻一般用于各种电子产品中做微波功率测量、温度检测、温度补偿、温度控制及稳压。如图 5-12(a) 所示为 NTC 热敏电阻。

PTC 热敏电阻最常用的是在钛酸陶瓷中加入施主杂质,以增大电阻温度系数,一般用于电冰箱压缩机启动电路、彩色显像管消磁电路、电动机过电流过热保护电路、限流电路及恒温电加热电路。如图 5-12(b) 所示为 PTC 热敏电阻。

CTR 热敏电阻是一种具有开关特性的负温度系数热敏电阻,当外界温度达到某临界点时,阻值急剧下降,利用这种特性可制成热保护开关。

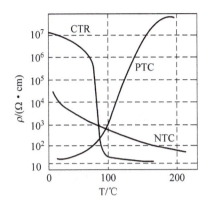

图 5-11　三种热敏电阻的典型特性

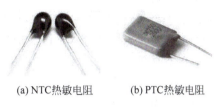

(a) NTC热敏电阻　　(b) PTC热敏电阻

图 5-12　热敏电阻

四、集成温度传感器

集成温度传感器是将温度敏感元件、信号放大电路、补偿电路等采用微电子技术和集成工艺集成在一片芯片上的高性能测温传感器。它具有体积小、输出线性好、测量精度高、价格便宜的优点,在测温技术中应用越来越广泛。

集成温度传感器可分为数字型和模拟型。美国 DALLAS 公司生产的 DS18b20 是单总线数字温度传感器,可把温度信号直接转换成串行数字信号供单片机处理,如图 5-13(a) 所示。模拟型的集成温度传感器按输出信号形式又分为电流输出型和电压输出型两种。美国 AD 公司生产的 AD590 是电流输出型集成温度传感器,器件电源电压为 4～30V,测温范围为 －55～＋150℃,如图 5-13(b) 所示。美国 NSC 公司生产的 LM35 是电压输出型温度传感器。

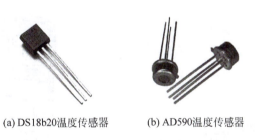

(a) DS18b20温度传感器　　(b) AD590温度传感器

图 5-13　集成温度传感器

项目实施

一、热电偶的安装与测试

热电偶测量温度在工业生产中的应用极为广泛。通常热电偶有与其配套的显示仪表可供选用。本实验通过热电偶以及与其配套的万用表来进行温度检测。

1. 实验目的

(1) 观察热电偶的结构和特点。

(2) 掌握万用表与热电偶测量温度的方法。

(3) 锻炼自己的动手能力和分析、解决问题的能力。

2. 实验器材

万用表(1个,胜利牌数字万用表,型号 VC890C+);热电偶(1个,胜利牌 TP01-K 型,参考价格 18.00 元);暖壶(1个);烧杯(3只)。

3. 认识热电偶

胜利牌数字万用表,型号为 VC890C+,测温范围为 -20~1000℃,如图 5-14 所示。胜利牌 TP01-K 型热电偶如图 5-15 所示。该热电偶需与 VC890C+万用表配套使用,端子为香蕉头式,适用于一般温度测量,可对液体及凝胶体进行温度测量,测温范围为 -40~250℃。

4. 实验步骤

(1) 分别准备开水、温水、凉水各一杯。

(2) 将热电偶温度探头分别置于烧杯中。热电偶的红、黑香蕉头分别插入万用表的"VΩ""COM"孔内,如图 5-16 所示。

(3) 将万用表旋钮拨到"℃/℉"挡,记录测得三组温度值,填入表 5-2 中。

(4) 将万用表旋钮拨到"200mV"挡,记录测得三组电压值,填入表 5-2 中。

图 5-14 VC890C+型数字万用表

图 5-15 TP01-K 型热电偶

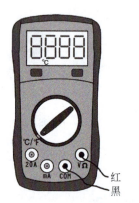

图 5-16 万用表红黑表笔接线

表 5-2 数据记录表

项目	凉水	温水	开水
电压/mV			
温度/℃			

(5) 将测得数据记录在数据记录表中。分析电压值与温度值的对应关系。

二、热敏电阻的安装与测试

温度控制开关是根据温度的变化产生导通或者断开动作的自动控制元件。温度控制开关在家电和电子设备中的应用非常多,例如空调、饮水机、热水器、冰箱都能根据实时温度进行控制。本实验通过热敏电阻来实现温度控制开关的功能。

1. 实验目的

(1) 观察、了解热敏电阻的结构和特点。

(2) 掌握热敏电阻温控开关的测量电路和工作原理。

(3) 锻炼自己的动手能力和分析、解决问题的能力。

2. 实验器材

热敏电阻(1个,型号 MF11-102,参考价格0.20元);电池(2个,5号电池,电压1.5V);电阻(1个,15kΩ);电阻(1个,390kΩ);电阻(1个,6.8kΩ);可变电阻(1个,1kΩ);三极管(2个,NPN,9014);三极管(1个,PNP,9012);发光二极管(1个,ϕ5);暖壶(1个);烧杯(1只);导线若干;电烙铁;焊锡丝。

3. 认识热敏电阻 MF11-102

MF11系列热敏电阻的参数见表5-3。其中,本实验要用到的 MF11-102 型热敏电阻是负温度系数热敏电阻,实物如图5-17所示,标称阻值为1kΩ,径向引线树脂涂装,使用温度范围为-55~+125℃。MF11系列热敏电阻可用于一般精度的温度测量和温度控制,也可用于电子线路、计量设备、仪表线圈、集成电路、石英晶体振荡器的温度补偿。

表 5-3 MF11 系列热敏电阻

规格	标称阻值/Ω	规格	标称阻值/Ω	规格	标称阻值/kΩ	规格	标称阻值/kΩ
MF11-050	5	MF11-121	120	MF11-152	1.5	MF11-153	15
MF11-100	10	MF11-201	200	MF11-202	2	MF11-203	20
MF11-150	15	MF11-221	220	MF11-222	2.2	MF11-303	30
MF11-200	20	MF11-271	270	MF11-272	2.7	MF11-503	50
MF11-220	22	MF11-331	330	MF11-332	3.3	MF11-104	100
MF11-270	27	MF11-391	390	MF11-392	3.9	MF11-124	120
MF11-330	33	MF11-471	470	MF11-472	4.7	MF11-154	150
MF11-390	39	MF11-501	500	MF11-502	5	MF11-204	200
MF11-470	47	MF11-561	560	MF11-562	5.6	MF11-304	300
MF11-500	50	MF11-681	680	MF11-682	6.8	MF11-504	500
MF11-680	68	MF11-821	820	MF11-822	8.2	MF11-105	1000
MF11-820	82	MF11-102	1000	MF11-103	10		
MF11-101	100	MF11-122	1200	MF11-123	12		

图 5-17　MF11-102 型热敏电阻

4. 实验步骤

（1）按图 5-18 所示搭建电路。

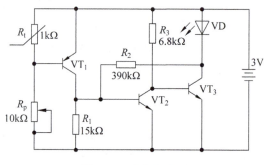

图 5-18　实验电路图

（2）调节微调电阻 R_p，使之阻值由大变小，调节至发光二极管 VD 刚好不亮为止。此时，三极管 VT_1 导通，VT_2 导通，VT_3 截止。

（3）将热敏电阻 R_t 贴在装开水的烧杯外壁，几秒钟后，观察发光二极管的亮灭。当热敏电阻的温度升高，其阻值就会减小，三极管 VT_1 截止，VT_2 截止，VT_3 导通。

（4）移开烧杯使热敏电阻慢慢冷却，观察发光二极管的亮灭。

三、集成温度传感器的安装与测试

集成温度传感器的外形较小，在生产实践的各个领域中应用越来越广泛，也为我们的生活提供了便利。本实验通过 LM35 温度传感器进行温度的检测。

1. 实验目的

（1）熟悉模拟集成温度传感器的放大电路、ADC 采样电路以及与单片机的接口电路。

（2）了解测量数据与显示数据的转换计算方法。

（3）了解单片机软件编程与调试的流程与方法。

2. 实验器材

LM35 温度传感器（1 个）；电源（1 个，5V）；电阻（1 个，75Ω）；电阻（2 个，3kΩ）；电阻（2 个，12kΩ）；电容（2 个，0.1μF）；电解电容（1 个，1μF）；LM358 运算放大器（1 个）；

单片机系统(包括 AT89S52 芯片、晶振电路、ISP 下载口、下载线、Keil 编程软件等);暖壶(1个);烧杯(3只);数码管;导线若干;排线若干;电烙铁;焊锡丝。

3. 认识集成温度传感器 LM35

LM35 是美国 NSC 公司生产的电压输出型精密集成温度传感器。该传感器的测量精度高、应用简单,其实物和引脚图如图 5-19 所示。

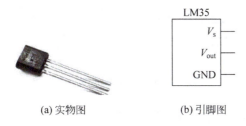

(a) 实物图　　　　　(b) 引脚图

图 5-19　LM35 温度传感器

LM35 的工作电压范围宽,可在 4～20V 电压范围内工作,测温范围为 −55～+150℃。LM35 的输出电压与摄氏温标呈线性关系,0℃ 时输出为 0V,每升高 1℃,输出电压增加 10mV,即 0～+100℃ 所对应的输出电压为 0～1V。

4. 认识单片机 AT89S52

Atmel 公司的 AT89S52 单片机是一种低功耗、高性能的 CMOS 八位微控制器,如图 5-20 所示。AT89S52 具有以下标准功能:8KB Flash,256B RAM,32 位 I/O 口线,看门狗定时器,2 个数据指针,三个 16 位定时器/计数器,一个 6 向量 2 级中断结构,全双工串行口,片内晶振及时钟电路。AT89S52 共有 40 个管脚,其中有 P1、P2、P3、P4 共 32 个 I/O 口,可连接 A/D 转换器、数码管显示器。

图 5-20　单片机 AT89S52

5. 实验步骤

(1) 搭建放大电路,如图 5-21 所示。为了提高测量精度,LM35 的输出采用 LM358 运算放大器放大 5 倍,则 100℃ 对应的输出电压应该为 5V。但是由于 LM358 芯片的最大输出电压为 3.5V,因此该放大电路最高能测量的温度为 70℃。

(2) 如图 5-22 所示为单片机的接口电路。放大电路的输出信号 OUT 需要通过 AD 模数转换器 ADC0809 进行采样。ADC0809 有 8 路模拟输入端,将 3 位地址线 ADDA、ADDB、ADDC 接地,即选中模拟输入端 IN0。ADC0809 的 8 位数字量输出端 D0～D7 接单片机 AT89S52 的 P2 口,单片机的 P1 口接数码管,最终显示温度值。

(3) 编程实现运算及显示功能。设 ADC0809 的采样结果为 X,经计算,最后的温度

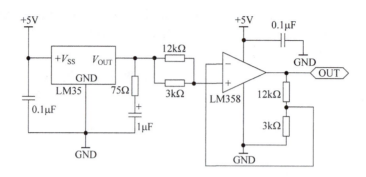

图 5-21　LM35 的输出放大电路

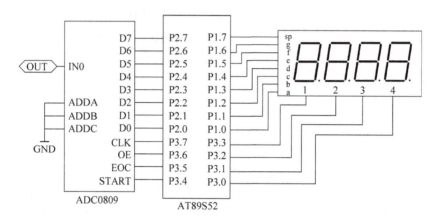

图 5-22　放大电路与单片机的接口电路

值为 $20X/51$。显示值通过数码管显示。

（4）分别测量凉水、温水、开水的三个烧杯壁的温度，记录在数据记录表 5-4 中。

表 5-4　数据记录表

项目	凉水	温水	开水
温度/℃			

一、热电式传感器的选用

在选用热电式传感器时，人们首先关心的是传感器的温度检测范围、输入/输出特性及检测精度。通常，检测温度在 1500℃ 以上时选用热辐射非接触传感器；检测中高温时可采用热电偶检测；而检测极低温度时则用半导体和金属电阻随温度变化的传感器和热电偶；在常温附近，主要用热敏电阻和半导体热敏传感器。热电式传感器的选用见表 5-5。

表 5-5　热电式传感器的选用

特性	分类	特征	传感器分类
温度范围	超高温	1500℃以上	光、辐射传感器
	高温	1000～1500℃	光、辐射传感器，热电偶，塞氏测温熔锥
	中高温	500～1000℃	辐射、热电偶
	中温	0～500℃	热电偶、测温电阻器、热敏电阻、热敏铁氧体、水晶、晶体管、双金属、压力式、玻璃制温度计、辐射、噪声、NQR
	低温	−250～0℃	测温电阻器、热敏电阻、压力式、玻璃制温度计、辐射、噪声、NQR
	极低温	−273～−250℃	Ge、Si、C（半导体电阻型）热电偶

二、热电式传感器的应用

（一）热电偶的应用

1. 金属表面温度测量

在机械、冶金、石化、电力、国防等领域，金属表面的温度测量非常普遍，热电偶在金属表面温度的测量中起到了重要作用。例如，大型发电机和水轮机前后轴承及机身温度测量、热交换器表面温度测量、过热气体发生器表面温度测量以及加热炉外壁温度测量等。

用粘接或焊接的方法，将热电偶与被测金属表面直接接触，然后通过接口电路连接到配套仪表上组成测温闭环系统，即可完成温度测量。

2. 加热容器内部温度测量

加热容器内部温度测量也是热电偶极为广泛的用途之一。例如，石油领域中原油使用的大型加热炉炉内温度的测量、热电厂蒸气锅炉炉内温度的测量以及家庭用燃气热水器温度检测等。

（二）热电阻的应用

热电阻传感器除了可以测量温度外，还可以测量流量。例如热导式流量开关是将两个热电阻置于流体中，其中一个被加热，另一个用于感应流体温度。两个热电阻之间的温差与流体的流量及流体的性质有关。电路模块通过检测两个热电阻上的温度差就可以检测出流体流量。

（三）热敏电阻的应用

1. 温度测量

作为测量温度的热敏电阻，一般结构较简单，价格较低。没有外面保护层的热敏电阻只能应用在干燥的地方。密封的热敏电阻不怕湿气的侵蚀，可以使用在较恶劣的环境下。由于热敏电阻本身阻值较大，所以可忽略连接处的接触电阻，并可应用在数千米之外的远距离遥测过程中。

2. 温度补偿

利用负温度特性，热敏电阻可在某些电子装置中起到温度补偿的作用。当出现过载而使电路电流和温度增加时，热敏电阻阻值升高反向下拉电流，起到补偿、保护等作用。

例如,动圈式仪表表头中的动圈由铜线绕制而成。温度升高,电阻增大,引起误差。因而可以在动圈的回路中将负温度系数的热敏电阻与锰铜丝电阻并联后再与被补偿元器件串联,从而抵消温度变化所产生的误差,如图 5-23 所示。在晶体管电路、对数放大器中,也常用热敏电阻组成补偿电路。

3. 液面检测

NTC 热敏电阻还可用于液位检测,例如汽车油箱中的油位报警器,如图 5-24 所示。

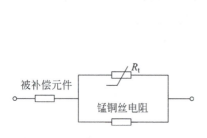

图 5-23 热敏电阻温度补偿

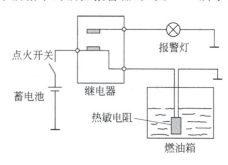

图 5-24 油箱液位报警

当汽车接通点火开关,电流经继电器线圈流过热敏电阻,热敏电阻被加热,温度升高。当油箱的油面高于规定值时,热敏电阻全部浸泡在燃油中,所产生的热量被燃油吸收,其电阻值大,流过继电器线圈的电流小,继电器触点保持断开状态,报警灯不亮。

当油面低于规定值时,热敏电阻露出油面,由于散热慢,其温度升高,电阻值减小,流过继电器线圈的电流增大,继电器的触点闭合,报警灯点亮,以提醒驾驶员燃油储量不足。

4. 过热保护

在机电设备控制中,常将临界温度系数热敏电阻串接在继电器控制回路中。当某一设备发生故障引起过载时,温度增高,若达到热敏电阻的临界点,电阻值会突然下降,继电器电流超过动作电流额定值而动作,从而起到切断、保护电路的作用。

巩固练习

一、填空题

1. 两种不同材料的金属导体组成闭合回路,如果两结合点出现温差,在回路中将产生电动势,这种现象称为_____。

2. 热电偶将温度的变化转换为_____的变化,热电阻将温度的变化转换为_____的变化。

二、判断题

1. NTC 是正温度系数热敏电阻。 （ ）

2. 各种仪表和连接导线接入热电偶构成测量回路,使热电动势减小。 （ ）

三、计算题

用铂铑 10-铂热电偶测物体温度。已知热电偶的参考端温度为 30℃,工作端测得的热电动势为 3.279mV。求物体温度。铂铑 10-铂热电偶分度表见附录中附表 2。

项目 6

土壤湿度传感器的安装与调试

湿度传感器用来检测环境的湿度,它由对湿度敏感的材料做成。本项目通过土壤湿度传感器的安装与调试,学习湿度传感器的结构、原理与应用。

知识目标　了解湿度的相关概念;了解湿度传感器的类型、基本结构与工作原理。

技能目标　学会识别常见的湿度传感器;掌握湿度传感器的使用与调试方法。

一、湿度

湿度在很多方面有重要的用途。例如,空气湿度是气象学和水文学中的重要指标;医学上湿度和呼吸、皮肤、麻醉的关系非常紧密;生物学中空气湿度可以决定一个生态系统的组成;工业生产中化学药剂、食物、艺术品、木材、集成电路等的储藏和生产对湿度要求很高;农业和林业中湿度过低会导致土壤和植物失水减产;湿度是建筑设计中室内热环境的重要指标;生产和生活中的静电与湿度的关系非常密切;人的身体健康也一定程度上受到空气湿度的影响。

湿度是指空气中水蒸气含量,常用绝对湿度、相对湿度、露点等表示。

1. 绝对湿度

绝对湿度是指在标准状态下(760mmHg)每立方米湿空气中所含水蒸气的质量,即水蒸气的体积密度,即

$$\rho = \frac{M_V}{V} \tag{6-1}$$

式中,ρ 为空气的绝对湿度(g/m³);M_V 为待测空气中水蒸气质量(g);V 为待测空气的总体积(m³)。

2. 相对湿度

相对湿度是指空气中实际所含水蒸气分压和相同温度下的饱和水蒸气分压的百分比,常用%RH 表示,即

$$\rho_R = \frac{P_V}{P_W} \times 100\% \tag{6-2}$$

式中,ρ_R 为空气的相对湿度,无量纲;P_V 为空气温度为 t 时的空气水蒸气分压;P_W 为空气温度为 t 时的饱和水蒸气分压。

3. 露点

露点又称露点温度,是指在固定气压下,空气中的气态水达到饱和而凝结成液态水所需要降至的温度。气温和露点的差越小,表示空气越接近饱和。

二、湿敏传感器

湿敏传感器大多是将湿度转换为与其成一定比例关系的电量输出。湿敏传感器的材料、结构、工艺很多,主要分类见表 6-1。

表 6-1 湿敏传感器的分类

水分子亲和力型	非水分子亲和力型	其　　他
尺寸变化式湿敏传感器	热敏电阻式湿度传感器	
电解质湿敏传感器	红外线吸收式湿度传感器	
高分子材料湿敏传感器	微波式湿度传感器	CFT 湿敏传感器等
金属氧化物膜湿敏传感器	超声波式湿度传感器	
金属氧化物陶瓷湿敏传感器		
硒膜及水晶振子湿敏传感器		

水分子吸附在物体表面或渗入物体内部后,物体的电气物理性能发生变化,利用这种变化可构成多种水分子亲和力型湿敏传感器。例如,利用毛发受水分子作用发生长度变化构成毛发湿度计;利用氯化锂受水分子作用发生电阻变化构成电阻式湿敏传感器;利用水分子作用后引起一些物体介电常数变化构成电容式湿敏传感器等。

水分子亲和力型湿敏传感器的应用广泛,但是响应速度慢,且可靠性差,因此人们研制了与水分子亲和力无关的非水分子亲和力型传感器。

1. 毛发湿度计

毛发湿度计属于尺寸变化式湿敏元件。毛发和某些合成纤维的长度随周围气体相对湿度而变,即相对湿度越高,长度越长。利用这一原理可以制成毛发湿度计,如图 6-1 所示。当毛发的长度随相对湿度的改变而发生变化时,便会通过机械传动机构改变指针的

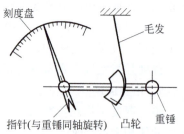

图 6-1　毛发湿度计

位置。这种湿度计结构简单,在气象测量方面应用很广,但是不能将湿度信号转换为电信号。

2. $MgCr_2O_4$-TiO_2 陶瓷湿敏传感器

这种陶瓷的气孔率为 25%～30%,孔径小于 $1\mu m$,属多孔陶瓷。与致密陶瓷相比,多孔陶瓷的表面积显著增大,故其吸湿性强。多孔陶瓷的表面积大,将其厚度变薄即可在较短时间内达到吸湿和脱湿的平衡状态。

$MgCr_2O_4$-TiO_2 陶瓷湿敏传感器的结构如图 6-2 所示,湿敏陶瓷片的两面涂覆有多孔金电极,金电极与引出线烧结在一起。镍铬丝加热清洗线圈用于对器件加热清洗,排除恶劣环境对器件的污染,避免湿敏传感器的质量下降。陶瓷湿敏传感器呈负湿敏特性,电阻值随环境相对湿度的增加而减小,湿敏特性如图 6-3 所示。

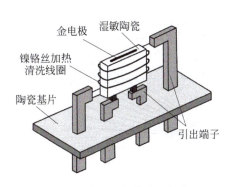

图 6-2　陶瓷湿敏传感器结构

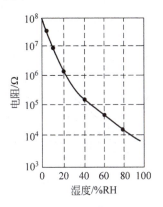

图 6-3　$MgCr_2O_4$-TiO_2 陶瓷湿敏传感器的湿敏特性

3. 氯化锂电解质湿敏传感器

电解质湿敏传感器的代表是氯化锂湿敏传感器,它是在基片材料上直接浸渍氯化锂溶液构成,如图 6-4 所示。

锂离子对水分子的吸收力强,离子水合程度高。当溶液置于一定温湿场中,若环境相对湿度高,溶液将吸收水分,溶液的浓度降低、电阻率增高;若环境相对湿度低,溶液的浓度升高、电阻率下降。氯化锂溶液中的离子导电能力与浓度成正比,从而实现对湿度的测量。

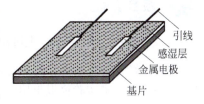

图 6-4　氯化锂湿敏电阻

氯化锂湿敏传感器既可敏感湿度,也可敏感露点。通常单个元件的敏感范围仅在 30%RH 左右(如 10%～30%RH,20%～40%RH,40%～70%RH,70%～90%RH,80%～99%RH)。因此,将多个氯化锂含量不同的元件配合使用,便可检测整个湿度范围。

4. 热敏电阻湿敏传感器

热敏电阻湿敏传感器的原理和结构如图 6-5 所示。热敏电阻 R_1 和 R_2 是电桥的两个臂,电源 E 使它们维持在 200℃ 左右。R_1 置于接触大气的开孔金属盒内,R_2 置于密封的金属盒内。R_3 和 R_4 是电桥的另外两个臂,R_5 是调电流的电阻。将 R_1 置于干燥空气中,调节电桥,使输出端 A 和 B 之间的电压为零。R_1 接触待测含湿空气时其阻值升高,电桥失去平衡,出现 B 端高于 A 端的输出电压。

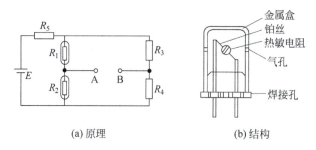

(a) 原理　　　　　　(b) 结构

图 6-5　热敏电阻湿敏传感器的原理和结构

热敏电阻湿敏传感器的性能如图 6-6、图 6-7 所示。传感器的输出电压与绝对湿度成比例,可用于空调机中自动控制湿度。

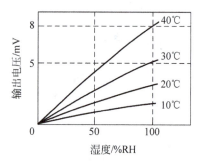

图 6-6　相对湿度与输出电压的关系

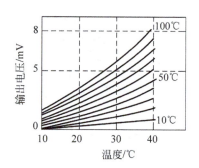

图 6-7　温度与输出电压的关系

土壤湿度传感器的安装与调试

农业生产中需要对农作物进行灌溉。自动灌溉具有节约水、省人工、针对作物习性定制等众多优点。本实验模拟土壤的湿度检测与灌溉的自动化过程。湿度检测通过湿度传感器实现,灌溉的起停通过指示灯模拟。

1. 实验目的

(1) 更好地了解湿敏电阻的结构和特点。

(2) 掌握湿敏电阻的工作电路。

(3) 锻炼自己的动手能力和分析、解决问题的能力。

2. 实验器材

湿敏电阻(1 个,HR202,参考价格 2.00 元);电压比较器(1 个,LM393);电阻(两个,10kΩ);电阻(2 个,1kΩ);可变电阻(1 个,10kΩ);电容(2 个,104);电池(3 个,1.5V);发光二极管 LED(2 个);导线若干;电烙铁;焊锡丝;万能板;烧杯(两个);干燥土壤若干。

3. 认识湿敏电阻器 HR202

HR202 湿敏电阻器是采用有机高分子材料制成的一种新型湿度敏感元件,如图 6-8

所示。HR202湿敏电阻器具有感湿范围宽、响应迅速、抗污染能力强、无须加热清洗、长期稳定性好等优点,可用于温湿度显示计、大气环境监测、工业过程控制、农业、测量仪表等应用领域。

图 6-8 HR202 湿敏电阻器

HR202湿敏电阻器的湿度测量范围为20%RH～90%RH,湿度检测精度为±5%RH。使用温度范围为0～60℃,建议保存温度为10～40℃。HR202湿敏电阻器的相对湿度-阻抗特性见表6-2。测量电阻时使用LCR交流电桥进行测量。

表 6-2 HR202 湿敏电阻器的相对湿度-阻抗特性表

相对湿度 \ 湿度	0℃	5℃	10℃	15℃	20℃	25℃	30℃	35℃	40℃	45℃	50℃	55℃	60℃
20%RH	—	—	—	10M	6.7M	5M	3.9M	3M	2.4M	1.75M	1.45M	1.15M	970k
25%RH	—	10M	7M	5M	3.4M	2.6M	1.9M	1.5M	1.1M	880k	700k	560k	450k
30%RH	6.4M	4.6M	3.2M	2.3M	1.75M	1.3M	970k	740k	570k	420k	340k	270k	215k
35%RH	2.9M	2.1M	1.5M	1.1M	850k	630k	460k	380k	280k	210k	170k	150k	130k
40%RH	1.4M	1.0M	750k	540k	420k	310k	235k	190k	140k	110k	88k	70k	57k
45%RH	700k	500k	380k	280k	210k	160k	125k	100k	78k	64k	50k	41k	34k
50%RH	370k	260k	200k	150k	115k	87k	69k	56k	45k	38k	31k	25k	21k
55%RH	190k	140k	110k	84k	64k	49k	39k	33k	27k	24k	19.5k	17k	14k
60%RH	105k	80k	62k	50k	39k	31k	25k	20k	17.5k	15k	13k	11k	9.4k
65%RH	62k	48k	37k	30k	24k	19.5k	16k	13k	11.5k	10k	8.6k	7.6k	6.8k
70%RH	38k	30k	24k	19k	15.5k	13k	10.5k	9k	8k	7k	6k	5.4k	4.8k
75%RH	23k	18k	15k	12k	10k	8.4k	7.2k	6.2k	5.6k	4.9k	4.2k	3.8k	3.4k
80%RH	15.5k	12k	10k	8k	7k	5.7k	5k	4.3k	3.9k	3.4k	3k	2.7k	2.5k
85%RH	10.5k	8.2k	6.8k	5.5k	4.8k	4k	3.5k	3.1k	2.8k	2.4k	2.1k	1.9k	1.8k
90%RH	7.1k	5.3k	4.7k	4k	3.3k	2.8k	2.5k	2.2k	2k	1.8k	1.55k	1.4k	1.3k

4. 实验步骤

(1) 按图6-9所示连接电路。注意HR202湿敏电阻器应探出万能板一定长度,以便测量。

(2) 1号烧杯装入干土,倒适量水搅拌均匀,在土壤中间留出小槽。将HR202湿敏电阻器置于槽内。调节电位器R_1,使得发光二极管LED_2从灭到亮。即设置好了要达到的湿度值。

(3) 2号烧杯装入干土,土壤中间留出小槽。将HR202湿敏电阻器置于槽内,因为

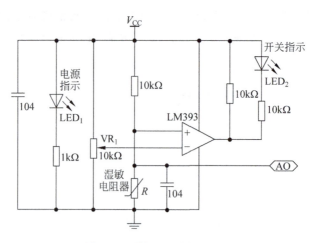

图 6-9 湿敏电阻器实验电路

未达到设定湿度值,发光二极管 LED$_2$ 不亮,则开启灌溉模式。缓慢往烧杯中注入水使土壤湿度均匀,直到发光二极管 LED$_2$ 亮,说明达到设定湿度,则灌溉结束。

(4) 如果想获得更加精准的输出信号,可将模拟量输出端 AO 与 A/D 转换模块相连。

湿度传感器的应用:汽车后窗玻璃结露控制

汽车后窗玻璃结露控制电路如图 6-10 所示。R_L 为嵌入玻璃的加热电阻,R_H 为设置在后窗玻璃上的湿度传感器。由 VT$_1$ 和 VT$_2$ 三极管组成施密特触发电路,在 VT$_1$ 的基极接有由 R_1、R_2 和湿敏电阻 R_H 组成的偏置电路。在常温常湿条件下,由于 R_H 的阻值较大,VT$_1$ 处于导通状态,VT$_2$ 处于截止状态,继电器 K 不工作,加热电阻无电流通过。当车内外温差较大,且湿度过大时,湿度传感器 R_H 的阻值减小,使 VT$_2$ 处于导通状态,VT$_1$ 处于截止状态,继电器 K 工作,其常开触点 S$_1$ 闭合,加热电阻开始加热,后窗玻璃上的潮气被驱散。

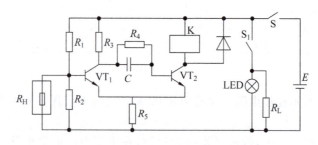

图 6-10 汽车后窗玻璃自动去湿电路

湿度的检测和保持在工业、农业生产和人类生活中的作用非常重要,不同的行业、不同的场合对湿度的要求差别很大,见表 6-3。由于湿度传感器的材料、结构、工艺各不相同,其性能和技术指标往往有很大差异,价格也相差甚远。因此在选用时,要结合测湿场合、测湿范围和湿度传感器的产品特性综合选择。

表 6-3 测湿场合与测湿范围

行业	使用场合	测湿范围 /%RH	备注
工业	纤维工业	50～100	缫丝
	精密电子元件	0～50	磁头、LSI、IC
	干燥机	0～50	陶瓷、木材干燥
	粉体水分	0～50	陶瓷、窑业原料
	干燥食品	0～50	—
	精密机械	—	钟表组装、光学仪器
	空调机	40～70	房间空调
	干燥机	0～40	衣物烘干
	电子锅	2～100	制熟与保温食品
	录像机	60～100	防止结露
	风挡除霜器	50～100	防止结霜
农林牧	温室空调	0～100	空气调节
	茶田防霜	50～100	防霜防冻
	牛等仔畜保育	40～70	健康保护、管理
气象	恒温恒湿槽	0～100	精密测量、特定环境
	气象观测	0～100	气象台、气球精密测量
	温度计	0～100	控制记录装置
医疗	治疗、理疗	80～100	呼吸系统疾患
	保育器	50～80	空气调节器
其他	土壤中水分	—	植物栽培、水土保持

常见的湿度传感器如图 6-11 所示。

(a) 温湿度变送器

(b) 土壤湿度传感器

(c) 电容式湿度传感器

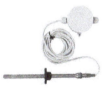
(d) 管道温湿度变送器

(e) 湿敏电容

(f) 土壤水分传感器

(g) 温湿度传感器

(h) 电子湿度计

图 6-11 常见的湿度传感器

巩固练习

一、填空题

1. 表示湿度的常用参量有_____、_____、露点等。
2. 陶瓷湿敏传感器的电阻值随环境相对湿度的增加而_____。

二、判断题

1. 多孔陶瓷的表面积比致密陶瓷小,吸湿性比致密陶瓷强。　　　　　(　　)
2. 湿敏传感器都能将湿度转换为电量输出。　　　　　　　　　　　(　　)
3. %RH 用于表示绝对湿度。　　　　　　　　　　　　　　　　　　(　　)
4. 电解质湿敏传感器属于非水分子亲和力型湿敏传感器。　　　　　　(　　)

三、简答题

简述氯化锂湿度传感器的工作原理。

项目 7

简易酒精检测仪的制作与调试

项目描述

  气敏传感器主要用于测量气体的类别、浓度或者成分。气敏传感器的种类、结构、原理各不相同,本项目通过简易酒精检测仪的制作与调试,学习气敏传感器的结构、原理和应用。

  知识目标 了解常用气敏传感器检测的气体种类及应用场合;了解气敏传感器的主要分类和工作原理。

  技能目标 学会识别常见的气敏传感器;掌握酒精气敏传感器的检测电路、调试方法和注意事项。

一、常见被测气体及场合

  气体与人类的生活和生产密切相关,气体的检测在改善和保护人类的生活环境方面有着重要意义,例如,如何避免室内发生一氧化碳中毒,如何避免矿区发生瓦斯爆炸,如何有效监督废气排放等。气敏传感器是20世纪60年代迅速发展起来的传感器,可用于对气体类别、浓度或者成分的检测。常见气敏传感器检测的主要气体以及应用场合见表7-1。

表 7-1 常见气敏传感器检测的主要气体以及应用场合

分 类	被测气体	应 用 场 合
易燃易爆气体	液化气、煤气、天然气	家庭
	甲烷	煤矿
	氢气	冶金、实验室

续表

分 类	被测气体	应用场合
有害气体	一氧化碳(不完全燃烧的煤气)	石油化工、制药厂
	卤素、卤化物、氨气等	冶炼厂、化肥厂
	硫化氢、含硫的有机化合物	石油化工、化肥厂
环境气体	氧气	家庭、地下工程
	水蒸气(调节湿度,防止结露)	电子设备、汽车、温室
	大气污染(SO_x、NO_x、Cl_2等)	工业区
工业气体	燃烧过程气体控制,调节燃空比	内燃机、锅炉
	一氧化碳(防止不完全燃烧)	内燃机、冶炼厂
	水蒸气(食品加工)	电子灶
其他	酒精、烟雾	火灾预报、事故预报

二、气敏传感器的分类与工作原理

气体的种类非常多,性质差异大,单一种类的气敏传感器不可能检测所有的气体,而只能检测某一类特定性质的气体。因此,气敏传感器的种类和工作原理繁多,其结构也十分复杂,涉及半导体材料、栅极材料、化学吸附、化学反应、微波、声表面波、光学分析等多个方面,常见分类见表7-2。

表7-2 气敏传感器的分类

传感器种类	传感器材料	被测气体
半导体气敏传感器	SnO_2、ZnO	可燃性气体、氧化性气体
	$\gamma\text{-}Fe_2O_3$、$La_{1-x}Sr_xCoO_3$、TiO_2、CaO、MgO	可燃性气体
	Ag_2O	硫醇
	Pd/TiO_2、Pd/CdS	H_2
	Pd-MOS 场效应管	H_2
固态电解质气敏传感器	$ZrO_2\text{-}CaO$、KAg_4I_5	O_2、卤素
	硫酸盐	含氧化合物
	$ZrO_2\text{-}CaO$、质子导体	可燃性气体
电化学气敏传感器	恒电位电解池	CO、NO、NO_2、SO_2
	氧电极	O_2
光学气敏传感器	红外光、紫外光	NO、NO_2、SO_2
接触燃烧型气敏传感器	Pt丝加上氧化催化剂	可燃性气体

(一) 半导体气敏传感器

当被测气体在半导体表面吸附后,使得半导体敏感材料的电学特性(如电导率)发生变化,通过测量其变化,就可以实现对气体成分及浓度的检测。半导体气敏传感器应用最广泛,分为电阻型与非电阻型,见表7-3。

表 7-3 半导体气敏传感器的分类

类 型	物理特性	敏感材料	工作温度/℃	被测气体
电阻型	表面电阻控制	氧化锡、氧化锌	室温～450	可燃性气体
	体电阻控制	氧化钛、氧化锡、氧化镁	300～450	可燃性气体、乙醇、O_2
非电阻型	表面电位	氧化银	室温	硫、醇
	二极管整流特性	铂/硫化镉、铂/氧化钛	室温～450	H_2、CO、乙醇
	晶体管特性	铂栅 MOS 场效应管	150	H_2、HS

电阻型半导体气敏传感器的敏感元件常见有烧结型、薄膜型、厚膜型,如图 7-1 所示。

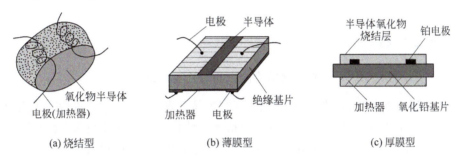

(a) 烧结型　　　　(b) 薄膜型　　　　(c) 厚膜型

图 7-1　电阻型半导体气敏传感器的敏感元件

(二) 固态电解质气敏传感器

固态电解质气敏传感器使用固态电解质材料做气敏元件。其原理是气敏元件通过被测气体时产生离子,从而形成电动势,测量电动势的值就能检测被测气体的浓度。

固态电解质气敏传感器的电导率高、灵敏度高、选择性好,在石化、环保、矿业等各个领域应用广泛,仅次于半导体气敏传感器。

(三) 电化学气敏传感器

电化学气敏传感器是将被测气体在电极处氧化或还原而产生电流,电流大小与被测气体浓度成正比,从而实现对气体浓度的检测。电化学气敏传感器具有体积小、检测速度快、准确、便于携带、可现场直接检测和连续检测等优点。

(四) 光学气敏传感器

各种气体分子均具有固定的光吸收谱,多数气体分子的振动和转动光谱都在红外波段。当入射红外光的频率与分子的振动转动特征频率相同时,红外光就会被气体分子所吸收,引起强度的衰减。

红外光敏元件气敏传感器的结构如图 7-2 所示。红外光入射到测量槽,照射到被测气体。不同种类的气体对不同波长的红外光具有不同的吸收特性。同种气体不同浓度对红外光的吸收量也不同。因此通过测量到达光敏元件的红外光的波长和强度就可以知道被测气体的种类和浓度。

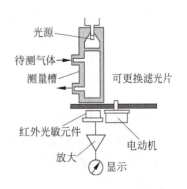

图 7-2　红外光敏元件气敏传感器

光学气敏传感器精度高、选择性好、气敏度范围宽,在钢铁、石化、化肥、机械、环境监测、医学研究等领域都有应用。缺点是价格偏高、使用和维护难度较大。

(五) 接触燃烧型气敏传感器

可燃性气体与空气中的氧气发生氧化反应产生热量,使得作为敏感材料的铂丝温度升高,电阻值增大。空气中可燃性气体的含量越多,产生的热量越多,铂丝的温度越高,其阻值变化就越大。因此,通过测量铂丝阻值的变化就能检测可燃性气体的含量。

接触燃烧式气敏传感器一般用于石油化工、造船厂、矿山及隧道等场合。其优点是对气体的选择性好、线性度好。缺点是在可燃性气体浓度低时传感器的敏感度低。

简易酒精检测仪的制作与调试

机动车驾驶人员"酒后驾驶"和"醉酒驾驶"极易引发交通事故,严重危害了道路交通安全和人民的生命财产安全。人饮酒后,酒精通过消化系统被人体吸收,经过血液循环,约有90%的酒精通过肺部呼气排出。本实验模拟酒精的呼气检测实验,10个发光二极管点亮的个数表示酒精浓度的高低。

1. 实验目的

(1) 更好地了解气敏传感器的结构和特点。

(2) 掌握直流稳压电路、气敏传感器测量电路的搭建。

(3) 锻炼自己的动手能力和分析、解决问题的能力。

2. 实验器材

酒精气敏传感器(1个,型号MQ-3,参考价格8.00元);电池(1个,型号6F22,电压9V);稳压电源(1个,W7805);电阻(1个,2.4kΩ);电阻(1个,15kΩ);可变电阻(1个,180kΩ);电解电容(1个,100μF,16V);电解电容(1个,10μF,16V);发光二极管集成驱动器(1个,LM3914);发光二极管(10个,φ5);38°白酒(20ml);52°白酒(20ml);75%酒精(20ml);95%酒精(20ml);干棉球若干;万能板;细导线若干;电烙铁;焊锡丝。

3. 认识酒精气敏传感器

MQ-3酒精气敏传感器由微型氧化铝陶瓷管、二氧化锡敏感层、测量电极和加热器构成。敏感元件固定在塑料或不锈钢制成的腔体内,加热器为气敏元件提供了必要的工作条件。封装好的气敏元件有6个管脚,其中4个用于信号取出,2个用于提供加热电流。其中H—H表示加热极(如5V),A—A、B—B表示敏感元件的2个极,如图7-3所示。

二氧化锡在清洁空气中的电导率较低。当传感器所处环境中存在酒精蒸气时,传感器的电导率随空气中酒精气体浓度的增加而增大。MQ-3传感器可以抵抗汽油、烟雾、水蒸气的干扰,灵敏度高、稳定性好、能够重复使用、使用寿命长。

4. 实验步骤

(1) 首先检测MQ-3酒精气敏传感器的好坏。用万用表的电阻挡检测MQ-3传感器

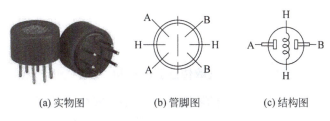

(a) 实物图　　　　　(b) 管脚图　　　　　(c) 结构图

图 7-3　MQ-3 酒精气敏传感器

A、B 管脚之间的电阻,应该大于 20MΩ;然后给传感器的 H、H 两端加上 5V 电压,加热开始几秒钟后,A、B 间电阻应急剧下降到 1MΩ 以下,然后又逐渐上升至 20MΩ 以上后保持稳定。

然后将酒精棉靠近 MQ-3 传感器,A、B 间的电阻立刻降到 1～0.5MΩ 以下;再将酒精棉移开 15～40s 后,AB 间电阻应该又恢复至大于 20MΩ。

满足以上条件,说明 MQ-3 没有质量问题。

(2) 按照图 7-4 所示搭建电路。W7805 输出稳定的 5V 电压作为 MQ-3 和 LM3914 的共同电源,同时也作为 10 个共阳极发光二极管的电源。

MQ-3 的输出信号送到 LM3914 的输入端 5,通过比较放大,驱动发光二极管。输入灵敏度通过可变电阻 R_P 调节,电阻减小时灵敏度下降,电阻增大时灵敏度增强。LM3914 的 6 与 7 管脚短接,并串联电阻 R_1 接地,R_1 阻值的大小影响发光二极管的亮度。

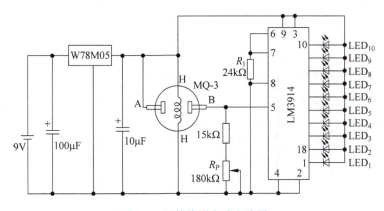

图 7-4　酒精检测实验电路图

(3) 用干棉球蘸足 38°白酒移到 MQ-3 传感器前,观察发光二极管点亮的数量。

(4) 移开酒精棉 15～40s 后,再用干棉球蘸足 52°白酒移到 MQ-3 传感器前,观察发光二极管点亮的数量。重复该步骤两次,分别观察 75%酒精、95%酒精使发光二极管点亮的数量。将观察值记录在表 7-4 中。

表 7-4　数据记录表

被测酒精	38°白酒	52°白酒	75%酒精	95%酒精
亮灯数量				

项目拓展

气敏传感器的应用

气敏传感器在环境监测、家用电器、钢铁石化、消防安全、医学研究、农业生产、矿业勘探、安全生产等领域都有广泛的应用。气敏传感器的种类繁多,部分常见的气敏传感器如图 7-5 所示。常用的 ME 和 MQ 系列型号参数见表 7-5。

(a) 酒精测试仪　　(b) 二氧化碳监测仪　　(c) 低浓度甲烷传感器　　(d) 家用煤气报警器

(e) 烟雾报警器　　(f) 氧传感器　　(g) 空气甲醛检测仪　　(h) MQ系列气敏探头

图 7-5　常见的气敏传感器

表 7-5　气敏传感器型号

传感器型号	被测气体	传感器型号	被测气体	传感器型号	被测气体
ME2-CO ME4-CO	一氧化碳	MQ-2	可燃气体、烟雾	MP-4	天然气
ME3-H_2S ME4-H_2S	硫化氢	MQ-3	酒精	MP-6	液化气
ME3-H_2 ME4-H_2	氢气	MQ-4	天然气、甲烷	MP-7	一氧化碳
ME3-NH_3 ME4-NH_3	氨气	MQ-5	液化气、甲烷、煤制气	MP-8	氢气
ME3-CL_2 ME4-CL_2	氯气	MQ-6	液化气、异丁烷、丙烷	MG811	二氧化碳
ME3-PH_3 ME4-PH_3	磷化氢	MQ-7	一氧化碳	MD62	二氧化碳
ME3-O_2 ME2-O_2	氧气	MQ-8	氢气、煤制气	MR513	酒精
ME3-C_2H_5OH ME4-C_2H_5OH	酒精	MQ-9	一氧化碳、可燃气体	MR511	甲烷、丁烷

以原电池式氧气传感器为例。

通常情况下空气中氧气含量约为21％,但在地下坑道或洞穴底部氧气浓度会下降。严重缺氧将对人的生命健康造成危害,因此对氧气的检测非常重要。原电池式氧气传感器的结构如图7-6所示。当氧气穿过隔膜时起化学反应,从而形成电流,电流的大小与氧气浓度成一定比例关系,通过对电流的检测可以知道氧气的浓度。这种传感器在氧气浓度为0～100％范围内有线性输出。

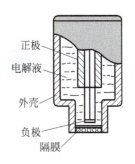

图7-6 原电池式氧气传感器结构图

巩固练习

一、填空题

1. 半导体气敏传感器可分为_____型和_____型。
2. _____型气敏传感器在可燃性气体浓度低时的敏感度低。
3. MQ-3酒精气敏传感器的加热器供电电压为DC_____V。
4. 可燃性气体与空气中的氧气发生氧化反应产生热量,可燃性气体的含量越高,铂丝的阻值越_____。

二、判断题

1. 半导体气敏传感器是应用最多的气敏传感器。( )
2. 光学气敏传感器只能检测气体的种类,不能检测气体的浓度。( )
3. 各种气体分子吸收的光的波长不同。( )

三、简答题

1. 举出生活中需要气体检测的例子。
2. 在用MQ-3酒精气敏传感器测量两种不同浓度的酒精时,有哪些注意事项?

项目 8

霍尔式转速传感器的安装与调试

 项目描述

霍尔传感器是一种基于霍尔效应的磁敏传感器,可将磁场的信息变换成电信号。本项目通过霍尔式转速传感器的安装与调试,学习霍尔传感器的相关知识。

知识目标 掌握霍尔效应的概念;掌握霍尔传感器的工作原理、结构和特点;掌握霍尔传感器的测量电路。

技能目标 掌握霍尔传感器的电路连接与调试方法。

 知识探究

1879 年,美国物理学家霍尔(E. H. Hall)在金属中发现了霍尔效应。但霍尔效应在金属中非常微弱,当时没有引起重视。直到 20 世纪 50 年代,随着半导体技术的发展,利用半导体材料做成的霍尔元件的霍尔效应比较显著,霍尔传感器得到了快速的应用和发展。

一、霍尔效应

金属或半导体薄片放在磁场中,在薄片垂直方向上施加磁场,当薄片通以电流 I_c 时,在薄片的两侧面出现电势差,称为霍尔电压。这样的效应就称为霍尔效应,如图 8-1 所示。霍尔电压 U_H 为

$$U_H = R_H \frac{I_c B}{d} \qquad (8-1)$$

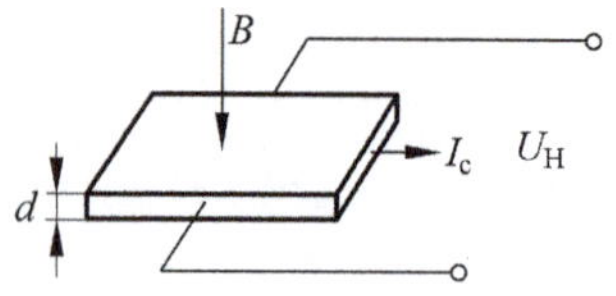

图 8-1 霍尔效应

式中,R_H 为霍尔系数,由薄片材料决定;B 为磁感应强度;I_c 为通过薄片的电流,称

为激励电流;d 为霍尔元件的厚度。

当磁感应强度 B 和元件平面法线成一角度 θ 时,作用在元件上的有效磁场是法线的分量,即 $B\cos\theta$,这时

$$U_H = R_H \frac{I_c B}{d} \cos\theta \qquad (8-2)$$

半导体的霍尔效应远比金属的霍尔效应明显,因此霍尔元件都采用半导体材料制造,而不用金属材料。当电流恒定时,磁感应强度的测量转换成为电压的测量;当磁场方向和大小固定时,电流的测量转换为电压的测量。这就是霍尔传感器工作的理论基础。

二、霍尔传感器的测量电路

1. 基本测量电路

霍尔元件的基本测量电路如图 8-2 所示。激励电流由电压源 E 供给,其大小由可变电阻来调节。

采用直流供电时,为了获得较大的霍尔电压,可将几块霍尔元件的控制电流端并联。如图 8-3(a)所示,输出电压 U_H 为两个霍尔元件输出电压的叠加。

当采用交流激励电流时,为了增加霍尔输出电压及功率,可将元件控制电流端串联,而各元件输出分别接至输出变压器的各初级,则变压器的次级绕组获得霍尔输出信号的叠加,如图 8-3(b)所示。

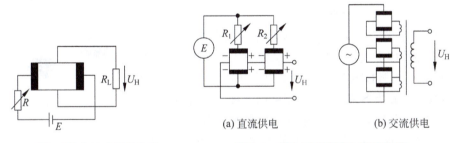

图 8-2 霍尔元件的基本测量电路

(a) 直流供电　　(b) 交流供电

图 8-3 霍尔元件的叠加测量电路

2. 放大电路

霍尔元件的输出电压一般为几毫伏到几百毫伏,在实际应用时必须对电压进行放大。

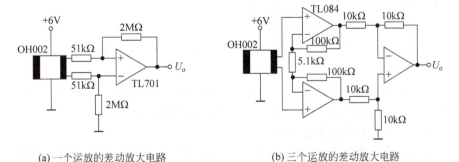

(a) 一个运放的差动放大电路　　(b) 三个运放的差动放大电路

图 8-4 霍尔元件的放大电路

图 8-4(a)所示是用一个运算放大器构成的放大电路。当运放的输入阻抗与霍尔元件的阻抗相差不大时,会产生误差,因此可用三个运放组成的放大电路,如图 8-4(b)所示。

霍尔式转速传感器的安装与调试

电动机在工业中应用广泛,为了能方便地对电动机进行控制、监视、调速,有必要对电动机的转速进行测量,从而提高自动化程度。本实验通过霍尔式传感器来模拟电动机转速测量的原理。

1. 实验目的

(1) 更好地了解霍尔传感器的结构和特点。

(2) 掌握霍尔传感器的安装、电路连接、调试方法、注意事项。

(3) 锻炼自己的动手能力和分析、解决问题的能力。

2. 实验器材

钕铁硼强力磁铁(1个,8mm 直径、3mm 厚,NS 极在最大两个面上,参考价格 2.00 元);霍尔模块(1个,参考价格 5.00 元,或者用 ES3144 霍尔传感器、LM393 芯片、电阻搭建);电源(5V,可由 78W05 稳压电路输出);电阻(1个,560Ω);电阻(1个,10kΩ);发光二极管(1个,φ5);饮料瓶盖;牙签;502胶;细导线若干;电烙铁;焊锡丝;万能板。

3. 认识单极霍尔效应开关

3144 是单极霍尔效应开关,该芯片有三个管脚,如图 8-5 所示。将芯片印字面朝向观察者,从左到右的管脚分别为 1、2、3。其中,1 管脚接电源正极,2 管脚接电源负极,3 管脚为输出信号线。当磁极 S 靠近 3144 印字的一面时,3 管脚输出低电平,当磁极 S 撤离后,3 管脚输出高电平;当磁极 N 靠近 3144 无字的一面时,3 管脚输出低电平,当磁极 N 撤离后,3 管脚输出高电平。因此安装时,3144 的磁感应面和控制磁极要做好相应的设置。

图 8-5 3144 单极霍尔效应开关

4. 认识霍尔传感器模块

可以按图 8-6(a)所示搭建 3144 芯片的外围工作电路,也可以直接购买霍尔传感器模块,其实物如图 8-6(b)所示。霍尔传感器模块引出四个管脚,1 为数字信号输出,2 为电源正极,3 为电源负极,4 为模拟信号输出。

5. 实验步骤

(1) 在饮料瓶盖圆心处打孔,插入牙签,使得牙签能够带动瓶盖自由转动。将钕铁硼强力磁铁 N 极用 502 胶粘在饮料瓶盖一侧,使得 S 磁极朝外。

(2) 按照图 8-7(a)所示搭建电路。

(3) 将霍尔传感器模块的 3144 芯片印字的一面对准饮料瓶盖侧面的钕铁硼强力磁铁,距离 3mm 以内。缓慢转动牙签,带动瓶盖转动,观察发光二极管 LED 的亮灭。将

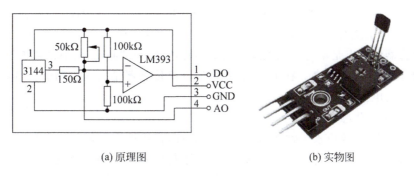

(a) 原理图　　　　　　　　　　(b) 实物图

图 8-6　霍尔传感器模块

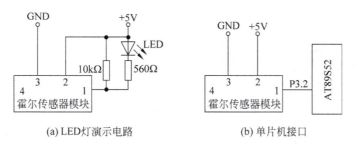

(a) LED 灯演示电路　　　　　　(b) 单片机接口

图 8-7　霍尔传感器模块实验电路

LED 灯亮的次数与旋转圈数的关系记录在表 8-1 中。

表 8-1　数据记录表

瓶盖旋转圈数	1	2	3	4
LED 亮的次数				

（4）当旋转速度加快时，LED 灯发光变化现象不明显，可将霍尔传感器模块的信号输出接单片机的 P3.2 管脚，通过外部中断 INT0 记录脉冲个数，通过定时器记录时间，从而计算出转速，接口电路如图 8-7(b) 所示。

霍尔传感器的应用

霍尔元件具有结构牢固、体积小、重量轻、寿命长、安装方便、功耗小、频率高、耐振动等优点。霍尔元件和永久磁体都能在很宽的温度范围和很强的振动冲击条件下工作，且磁场不受一般介质的阻隔，具有良好的抗电磁干扰性能。霍尔传感器广泛应用于电磁、电流、压力、振动、加速度、微位移等方面的测量。

1. 霍尔电流传感器

由于通电螺线管内部存在磁场，其大小与导线中的电流成正比，故可以利用霍尔传感器测量出磁场，从而确定导线中电流的大小。

霍尔电流传感器工作原理如图 8-8 所示，标准圆环铁心有一个缺口，将霍尔传感器插入缺口中，圆环上绕有线圈，当电流通过线圈时产生磁场，则霍尔传感器有信号输出。霍尔电流传感器的优点是不与被测电路发生电接触，不影响被测电路，不消耗被测电源的功率，测量精度和线性度较高。在工业现场，霍尔电流传感器是电流检测的首选产品，并且特别适用于大电流的测量。

2. 霍尔位移传感器

如图 8-9 所示，两块永久磁铁同极性相对放置，将线性型霍尔传感器置于中间，其磁感应强度为零，这个点可作为位移的零点，当霍尔传感器在 Z 轴上作 ΔZ 位移时，传感器有一个电压输出，电压大小与位移大小成正比。霍尔位移传感器具有灵敏度高、惯性小、频响快、工作可靠、寿命长等优点，但工作距离较小，以微位移检测为基础，可以构成压力、机械振动、加速度、重量等霍尔传感器。

图 8-8　霍尔电流传感器工作原理示意图　　图 8-9　霍尔位移传感器工作原理示意图

3. 霍尔力传感器

霍尔力传感器由弹性元件、磁系统和霍尔元件等部分组成。加上压力或拉力之后，磁系统和霍尔元件间产生相对位移，电压发生改变，因此可测出拉力或压力的大小。霍尔力传感器工作原理如图 8-10 所示。

4. 霍尔接近开关

霍尔接近开关应用示意图如图 8-11 所示。磁铁的轴线与霍尔接近开关的轴线在同一直线上。当磁铁随运动部件移动到距霍尔接近开关几毫米时，霍尔接近开关的输出由高电平变为低电平，经驱动电路使继电器吸合或释放，控制运动部件停止移动（否则将撞坏霍尔接近开关），起到限位的作用。

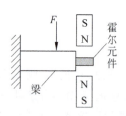 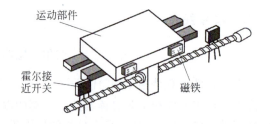

图 8-10　霍尔力传感器工作原理示意图　　图 8-11　霍尔接近开关工作原理示意图

5. 无损探伤

钢丝绳作为起重、运输、提升及承载设备中的重要构件，被应用于矿山、运输、建筑、旅游等行业，但由于使用环境恶劣，在它表面会产生断丝、磨损等各种缺陷，所以及时对钢丝进行声探伤检测非常重要。

铁磁材料受到磁场激励时,其磁导率高、磁阻小、磁力线都集中在材料内部。若材料均匀,磁力线分布也均匀。如果材料中有缺陷,如小孔、裂纹等,在缺陷处,磁力线会发生弯曲,使局部磁场发生畸变。用霍尔探头检出这种畸变,经过数据处理,可辨别出缺陷的位置、性质(孔或裂纹)和大小(如深度、宽度等)。霍尔无损探伤传感器的结构示意图如图 8-12 所示。

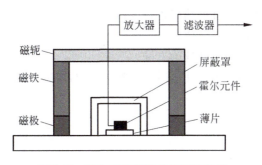

图 8-12　霍尔无损探伤传感器的结构

另外,霍尔传感器还广泛应用于测量流体的流速和流量;洗衣机中主要依靠霍尔传感器检测和控制电动机的转速、转向;霍尔开关用于电饭煲、气炉的温度控制和电冰箱的除霜;霍尔电动机是一种无刷电动机,它利用转速变化信号控制霍尔电压信号变化,从而调节电动机定子绕组电流,实现对电动机转速与稳速的控制;霍尔传感器取代机械断电器,可在汽车点火系统中用作点火脉冲发生器;霍尔振动传感器还可用于汽车或摩托车上,起到防盗作用。部分常见的霍尔传感器如图 8-13 所示。

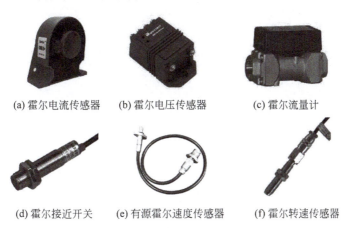

图 8-13　部分常见的霍尔传感器

一、填空题

1. 在半导体薄片垂直方向上施加磁场,当薄片通以电流时,在薄片的两侧面出现电势差,这种现象称作_____效应。

2. 霍尔效应公式里的三个变量分别是_____、_____、_____。

二、判断题

1. 半导体的霍尔效应比金属的霍尔效应明显。　　　　　　　　　　　　(　　)

2. 霍尔位移传感器能够适用于各种长短位移的测量。　　　　　　　　　(　　)

三、简答题

1. 为什么需要对霍尔器件的输出进行电压放大？

2. 霍尔效应公式里面的 θ 是什么？

3. 简述通过霍尔元件检测转速的方法。

4. 为什么霍尔电流传感器在使用时不消耗被测电源的功率？

光电式传感器的安装与调试

光电式传感器是将光信号转换成电信号的传感器。光电式传感器在检测和控制中的应用非常广泛。本项目通过简易光控灯的制作与调试、光电开关的安装与调试,来学习各种光电器件的特性、原理和工作电路。

知识目标 了解光电效应的相关概念;掌握各种光电器件的结构、特性、工作原理和工作电路。

技能目标 认识各种光电式传感器;掌握光敏电阻、光电耦合器的电路连接方法;掌握光电开关的调试方法和注意事项。

一、光的特性

光是电磁波谱中的重要一员,不同波长的光在电磁波谱中的位置如图 9-1 所示。这些光都具有反射、折射、散射、衍射、干涉、吸收等性质。光的频率越高,光子的能量越大。人的眼睛能看到的可见光中,按波长从长到短可分为红光、橙光、黄光、绿光、青光、蓝光和紫光。

单位时间到达、离开或通过曲面的光强度称为光通量,用 Φ 表示,单位为流明(lm);单位面积上所接收的可见光的能量,称为光照强度,简称照度,单位为勒克斯(lx)。

二、常见光源

1. 热辐射光源

热辐射光源是电流流经导电物体,使之在高温下辐射光能的光源,包括白炽灯和卤钨

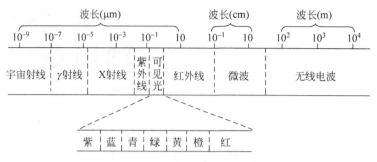

图 9-1　电磁波谱中的可见光

灯。常见的白炽光源有钨丝灯,它产生的光,谱线较丰富,包含可见光与红外光。

2. 气体放电光源

气体放电光源是指电流流经气体或金属蒸气,使之产生气体放电而发光的光源。气体放电有弧光放电和辉光放电两种,放电电压有低气压、高气压和超高气压三种。

弧光放电光源包括荧光灯、低压钠灯等低气压气体放电灯、高压汞灯、高压钠灯、金属卤化物灯等高强度气体放电灯、超高压汞灯等超高压气体放电灯、碳弧灯、氙灯,以及某些光谱光源等放电气压跨度较大的气体放电灯。

辉光放电光源包括利用负辉区辉光放电的辉光指示光源和利用正柱区辉光放电的霓虹灯,二者均为低气压放电灯。此外,还包括某些光谱光源。

3. 电致发光光源

在电场作用下,使固体物质发光的光源称为电致发光光源。常见的为发光二极管,它将电能直接转变为光能。

4. 辐射光源

能辐射大量紫外线、红外线和非照明用的可见光的电光源称为辐射光源。此外,还有一类相干光源,它通过激发态粒子在受激辐射作用下发光,输出光波波长从短波紫外线直到远红线外,这种光源称为激光光源。

三、光电效应

光电效应一般分为外光电效应和内光电效应。

(一) 外光电效应

在光线照射下,电子逸出物体表面向外发射的现象称为外光电效应。能产生光电效应的物质称为光电材料。

根据外光电效应制成的元件有光电管和光电倍增管。

(二) 内光电效应

受光照物体电导率发生变化,或者产生光生电动势的效应叫作内光电效应。内光电效应分为光电导效应和光生伏特效应。

1. 光电导效应

在光线作用下,电子吸收光子能量后从键合状态过渡到自由状态,从而引起材料电导率的变化,这种现象称为光电导效应。

半导体受到光照时产生光电子——空穴对,导电性增强,光线越强,阻值越低。当光照停止后,自由电子被失去电子的原子俘获,电阻又恢复原值。基于光电导效应制成的元件有光敏电阻,其常用的材料有硫化镉、硫化铅、锑化铟、非晶硅等。

2. 光生伏特效应

在光线作用下,物体产生一定方向电动势的现象称为光生伏特效应。根据光生伏特效应制成的元件有光电池、光敏二极管、光敏三极管。

科学故事

光的研究历史

1887年,光电效应首先由德国物理学家海因里希·赫兹实验发现,对发展量子理论及提出波粒二象性的设想起到了根本性的作用。赫兹将实验结果发表于《物理年鉴》,他没有对该效应做进一步的研究。

之后,许多国家的科学家通过大量实验推动了光的研究。1902年,匈牙利物理学家菲利普·莱纳德用实验发现了光电效应的重要规律。

1905年,阿尔伯特·爱因斯坦提出了正确的理论机制。但当时还没有充分的实验来支持爱因斯坦光电效应方程给出的定量关系。直到1916年,光电效应的定量实验研究才由美国物理学家罗伯特·密立根完成。

爱因斯坦的发现开启了量子物理的大门,爱因斯坦因为"对理论物理学的成就,特别是光电效应定律的发现"荣获1921年诺贝尔物理学奖。密立根因为"关于基本电荷以及光电效应的工作"荣获1923年诺贝尔物理学奖。

四、光电器件

光电器件能完成光电信息的转换,是光电式传感器中最重要的部件。常见的光电器件有光电管、光电倍增管、光敏电阻、光敏二极管、光敏三极管、光电耦合器、光电开关、光电池等。

(一)光电管

光电管分为真空光电管和充气光电管两种。

真空光电管(又称电子光电管)由封装于真空管内的光电阴极和阳极构成,如图9-2所示。当入射光线穿过光窗照到光阴极上时,由于外光电效应,光电子从极层内发射至真空。在电场的作用下,光电子在极间作加速运动,最后被高电位的阳极接收,在阳极电路内就可测出光电流,其大小取决于光照强度和光阴极的灵敏度等因素。

充气光电管(又称离子光电管)的结构与真空光电管相同,不同的是充气光电管内充有少量惰性气体氩或氖。

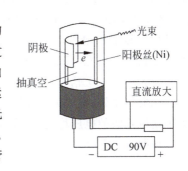

图9-2 真空光电管结构

光电子在飞向阳极的过程中与气体原子碰撞而使气体电离,因此增大了光电流,也提高了光电管的灵敏度。

当光电管的阳极和阴极间所加电压一定,光通量与光电流之间的关系称为光电特性,如图 9-3 所示。当入射光的频谱及光通量一定时,阳极电压与阳极电流之间的关系称为伏安特性,如图 9-4 所示。

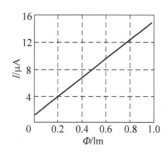

图 9-3　光电管的光电特性图

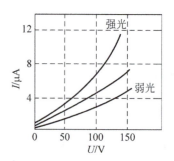

图 9-4　充气光电管的伏安特性

光电阴极的材料不同,光电管的光谱范围也不同。并且,同一光电管对于不同频率光的灵敏度不同。以 GD-4 型光电管为例,阴极用锑铯材料制成,其红限 $\lambda_c = 700\text{nm}$,对可见光范围的入射光灵敏度比较高,适用于白光光源,被应用于各种光电式自动检测仪表中。对红外光源,常用银氧铯阴极,构成红外探测器。对紫外光源,常用锑铯阴极和镁镉阴极。

(二) 光电倍增管

光电倍增管由光阴极、倍增极和阳极三部分组成,它的灵敏度比光电管高,如图 9-5 所示。

光阴极由半导体光电材料锑铯制成,倍增极是在镍或铜铍的衬底上涂上锑铯材料形成的,倍增极通常有 12～14 级,多的可达 30 级。阳极是最后用来收集电子的,它输出的是电压脉冲。光电倍增管的结构如图 9-6 所示。

当入射光的光子打在光电阴极上时,光电阴极发射出电子流,该电子流打在电位较高的第一倍增极上,又产生新的二次电子;第一倍增极产生的二次电子又打在比第一倍增极电位高的第二倍增极上,又会产生新的二次电子,打在第三倍增极上。如此继续下去,直到最后一级的倍增极产生的二次电子被最高电位的阳极所收集,在整个回路里形成光电流。阳极收集的阳极电子流比阴极发射的电子流一般大 $10^5 \sim 10^8$ 倍。

图 9-5　光电倍增管

光电倍增管的各级电压是由串联分压电阻链 $R_1 \sim R_n$ 提供的。为了使后几级的电压稳定,可在最后几级分压电阻上并联 3 个电容。光电倍增管的供电电路如图 9-7 所示。

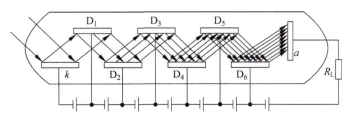

图 9-6　光电倍增管的结构

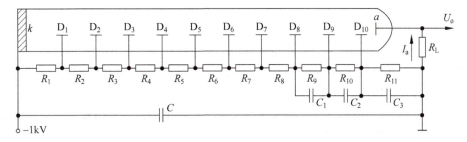

图 9-7　光电倍增管的供电电路

(三) 光敏电阻

光敏电阻又称光导管,它是利用内光电效应原理制成的。光敏电阻结构如图 9-8(b)所示。将薄层半导体物质涂于玻璃底板,半导体两端装有金属电极与半导体层保持可靠的电接触,再将涂有半导体物质的玻璃板压入塑料盒内。金属电极与引出线端相连接,光敏电阻就通过引出线端接入电路。为了防止周围介质的影响,在半导体光敏层上覆盖了一层漆膜。

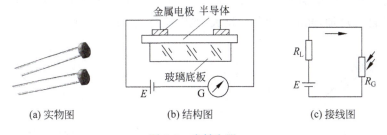

图 9-8　光敏电阻

光敏电阻的接线电路如图 9-8(c)所示。光敏电阻在受到光的照射时,由于内光电效应使其导电性能增强,电阻 R_G 阻值下降,所以流过负载电阻 R_L 的电流及其两端电压也随之变化。

光敏电阻两端所加电压不变时,光照度与流过电阻光电流的关系称为光电特性,如图 9-9 所示。光敏电阻的光电特性呈非线性,这是光敏电阻的主要缺点之一。

光照度不变时,光敏电阻两端所加电压与光电流关系称为伏安特性,如图 9-10 所示。光敏电阻的伏安特性为直线,说明光敏电阻的阻值只与入射光的强度有关,与电压电流无关。

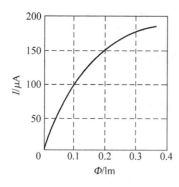

图 9-9　硒光敏电阻的光电特性

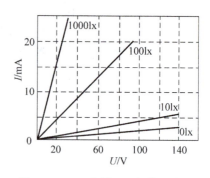

图 9-10　C_dS 光敏电阻的伏安特性

光敏电阻具有体积小、重量轻、光谱响应范围宽、机械强度高、灵敏度高、耐冲击、耐振动、制造工艺简单、使用寿命长等特点，广泛应用于自动化技术中。但是，光敏电阻是纯电阻元件，使用时需要有外部电源。响应于红外的光敏电阻受温度影响较大。因此，使用光敏电阻要特别注意使用条件和环境条件。

（四）光敏晶体管

1. 光敏二极管

光敏二极管的结构与普通二极管相似，都有一个 PN 结、两根电极引线，都是非线性器件，具有单向导电性。但是光敏二极管的 PN 结装在管壳顶部，光线通过透镜制成的窗口，可以集中照射在 PN 结上。光敏二极管的结构如图 9-11 所示。

光敏二极管在电路中处于反向偏置状态。没有光照时，其反向电阻很大，反向电流很小，称为暗电流。当有光照时，PN 结附近产生电子-空穴对，在反向电压作用下参与导电，形成比无光照射时大得多的反向电流，称为光电流。随着入射光的照度增强，光产生的电子-空穴对也随之增加，光电流也相应增大，光电流与光照度成正比。

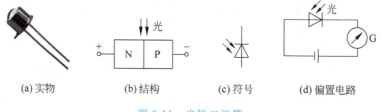

(a) 实物　　(b) 结构　　(c) 符号　　(d) 偏置电路

图 9-11　光敏二极管

2. 光敏三极管

光敏三极管有两个 PN 结，其结构如图 9-12 所示。大多数光敏三极管的基极无引出线。光敏三极管壳体的顶部是用透明材料做成的集光镜，能把光照聚集在集电结上。光敏三极管比光敏二极管的灵敏度更高。

（五）光电耦合器件

1. 光电耦合器

光电耦合器是以光为媒介实现电-光-电的传输和转换的器件。它将发光器件和光敏

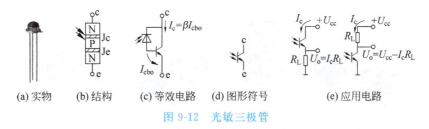

图 9-12　光敏三极管

元件组合封装在一个组件内,当有信号电压加到光耦的输入端时,发光器件发光,光敏元件受到光照产生光电流,从而使输出端产生相应的电信号。

光电耦合器种类繁多,发光器件通常选用发光二极管,光敏元件可选用光敏电阻、光敏三极管、光敏二极管或光敏可控硅。其中,发光二极管-光敏三极管的组合形式应用最为广泛,如图 9-13 所示。

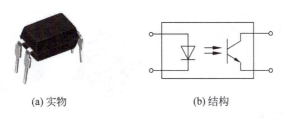

图 9-13　光电耦合器

光电耦合器抗电磁干扰能力强、驱动能力强、可以实现输入输出的电隔离、实现电平的转换,广泛应用在智能测试系统、计算机控制技术、过程转换、仪器仪表等领域。

2. 光电开关

光电开关是利用物体对光束的遮挡或反射来检测物体的有无,从而实现控制的一种电子开关。光电开关将输入电流在发射器上转换为光信号射出,接收器再根据接收到的光线的强弱或有无对目标物体进行探测。光电开关有对射式、镜反射式、漫反射式、槽式、光纤式几种,工作原理如图 9-14 所示。

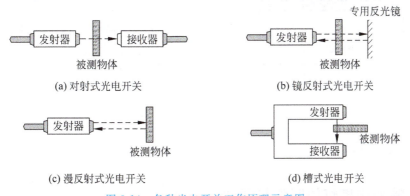

图 9-14　各种光电开关工作原理示意图

光电开关具有无机械磨损、无电火花、非接触使用、安全性高、可靠性高、寿命长、速度快等优点。几种常见的光电开关如图 9-15 所示。

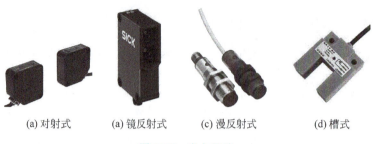

(a) 对射式　　(a) 镜反射式　　(c) 漫反射式　　(d) 槽式

图 9-15　光电开关

（六）光电池

光电池的工作原理基于光生伏特效应，它在光线作用下将光转变为电动势，其实质就是电源。光电池的种类很多，有硒光电池、氧化亚铜光电池、硫化铊光电池、硫化镉光电池、锗光电池、硅光电池、砷化镓光电池等。其中，硅光电池具有性能稳定、光谱范围广、频率特性好、转换效率高、能耐高温辐射等优点，得到广泛应用。硅光电池和结构如图 9-16 和图 9-17 所示。

图 9-16　各种硅光电池

硅光电池的原理如图 9-18 所示。在 N 型硅片上掺入 P 型杂质（例如硼）形成一个大面积的 PN 结作为光照敏感面。当入射光子的能量大于半导体材料的禁带宽度时，PN 结内产生光生电子-空穴对。由于 PN 结内电场的方向是由 N 区指向 P 区，光生电子移向 N 型区，空穴移向 P 型区，从而使 N 型区带负电，P 型区带正电，形成光生电动势。若将负载电阻串接在 P 型区和 N 型区间，电路中就有电流通过。

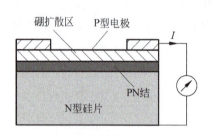

图 9-17　硅光电池的结构

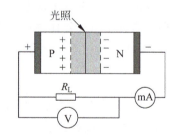

图 9-18　硅光电池原理

项目实施

一、简易光控灯的制作与调试

光控灯的应用范围很广，如街道的自动路灯、住宅的走廊灯、学习用的自动调光灯等。光控灯能够根据光照实际情况来控制灯的开关，既可避免定时开灯造成的电能浪费，又可减少人力的投入。本实验通过光敏电阻的电路设计,实现光控灯的功能。

1. 实验目的

(1) 更好地掌握光敏电阻的结构、特性和应用电路。

(2) 锻炼自己的动手能力和分析、解决问题的能力。

2. 实验器材

光敏电阻(MG45);发光二极管(ϕ10);电阻(1个,1kΩ);电阻(1个,100Ω);电阻(1个,220Ω);可变电阻(1个,50kΩ);三极管(NPN,9013);电池(3个,1.5V);万用表;细导线若干;电烙铁;焊锡丝;黑纸片;毫安表。

3. 实验步骤

(1) 光敏电阻的检测。将光敏电阻置于阳光下,用万用表测量光敏电阻的亮电阻值;用黑纸片遮住光敏电阻的感光面,用万用表测量光敏电阻的暗电阻值。将数据记录在表 9-1 中。如果万用表在遮光前后的数值变化不大,说明光敏电阻器灵敏度较低或已失效。

表 9-1 数据记录表

亮电阻值/Ω	
暗电阻值/Ω	

(2) 按照图 9-19 搭建电路。

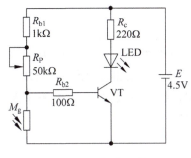

图 9-19 实验电路

(3) 测量光敏电阻的伏安特性。将光敏电阻置于阳光下,用黑纸片遮住光敏电阻感光面的一半,并且保持好。由于光敏电阻与 R_P 分压,缓慢调节可变电阻 R_P,在某一范围内,三极管 VT 始终处于放大工作状态。调节 R_P 过程中,测量三组光敏电阻端电压值和流过电流值,记录在表 9-2 中。

表 9-2 数据记录表

电压/V			
电流/mA			
计算电阻值/Ω			

(4) 演示简易光控灯。调节可变电阻 R_P，使发光二极管 LED 处于微亮状态。用黑纸片缓缓遮住光敏电阻，观察发光二极管的亮度变化。

二、光电开关的安装与调试

工业生产中，有时需要对物料或者工件进行分拣。当两种物料的颜色不同时，就可以通过光电开关来实现分拣。本实验通过光电开关对黑色小球和白色小球的辨别，来模拟工业生产中的物料分拣过程。

1. 实验目的

(1) 更好地了解光电开关的结构、特性和接线方式。
(2) 掌握光电耦合器的应用电路。
(3) 锻炼自己的动手能力和分析、解决问题的能力。

2. 实验器材

光电开关(1 个，型号 E3F-DS10C1，参考价格 28.00 元)；光电耦合器(1 个，P521)；电阻(1 个，1.5kΩ)；电阻(1 个，560Ω)；电阻(1 个，10kΩ)；直流电源(24V)；直流电源(5V)；发光二极管(1 个，φ5)；黑色小球(1 个)；白色小球(1 个)；导线若干；螺钉旋具(1 个，十字)。

3. 认识光电耦合器 P521

光电耦合器 P521 和管脚如图 9-20 所示。1、2 为光电耦合器的输入端，3、4 为输出端。

4. 认识光电开关

E3F-DS10C1 型光电开关如图 9-21 所示。E3F-DS10C1 是 NPN 直流三线常开光电开关，使用环境温度 −25～+65℃，使用相对湿度 35%HR～95%HR，检测距离为 10cm。E3F-DS10C1 型光电开关的引出线有三根，棕色接电源正极，蓝色接电源负极，黑色为信号线，工作电压为直流 6～36V。

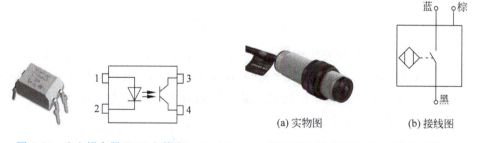

图 9-20　光电耦合器 P521 和管脚　　图 9-21　E3F-DS10C1 型光电开关

光电开关由两部分组成，一部分为调制发射光束，为了区别接收的光束是器件本身所发而不是自然界的光，常采用调制的方法，使发出的光束在某个频率上。另一部分为接收解调电路，当有光线被反射回来时进行解调，如果为非自然界光则开关导通。光电开关的工作过程如图 9-22 所示。

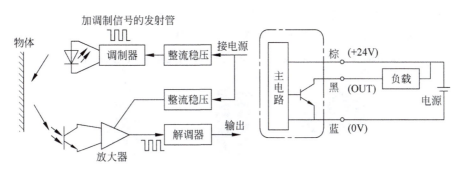

图 9-22　光电开关的工作过程

5．实验步骤

（1）将光电开关的棕色、蓝色引线分别接 24V 电源的正负极。

（2）将黑色小球置于光电开关前，用螺钉旋具调节光电开关上的灵敏度旋钮，直到光电开关自带的指示灯闪烁，然后继续微微调节使光电开关自带的指示灯刚刚灭掉。黑色物体对光的反射率低，白色物体对光的反射率高，将光电开关灵敏度调节到对黑色小球反射的光度以上，则检测不到黑色小球。

（3）按照图 9-23 所示接好电路。

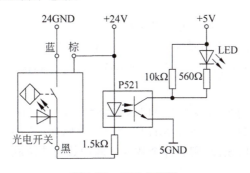

图 9-23　实验电路图

（4）用光电开关分别检测白色小球和黑色小球，观察发光二极管 LED 的亮灭。将实验结果记录到数据记录表 9-3 中。

表 9-3　数据记录表

颜色	黑	白
LED 亮/灭		

（5）思考：如果有黑、白、黄三色球，如何通过光电开关来辨识？

光电式传感器的应用

光电式传感器具有结构简单、响应快、非接触、可靠性高等优点，已经在航海、医学、科研、工业控制、家用电器等各个领域广泛应用。光电式传感器可检测直接引起光强变化的非电量,如光照强度、辐射测温、气体成分等;也可检测能转换成光量变化的其他非电量,如零件直径、表面粗糙度、位移、速度、加速度等。常见光电式传感器如图9-24所示。

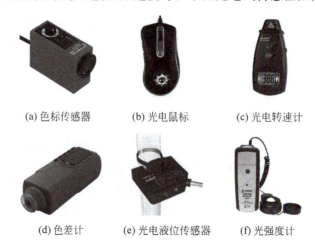

图 9-24 常见光电式传感器

1. 反射型光电转速计

反射型光电转速计的工作原理如图9-25所示。光源7发射的光线经过透镜6成为均匀的平行光,照射到半透明的膜片3上。部分光线被反射,经过聚光镜4后照射到被测转轴5。被测轴反射的光再经过聚光镜4和半透明膜片3到达聚焦透镜2,最终照射在光电元件1上,产生光电流。

在被测转轴5圆周方向均匀贴上黑白反射材料。由于黑白材料的反射率不同,最终到达光电元件的光强不同,因此光电元件就会产生电脉冲。固定时间内,被测轴转速快,则脉冲个数多;被测轴转速慢,则脉冲个数少。脉冲数与转速成正比。

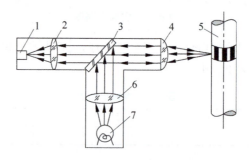

图 9-25 反射型光电转速计原理图

1—光电元件;2—聚焦透镜;3—膜片;4—聚光镜;5—被测转轴;6—透镜;7—光源

2. 高温比色计

根据有关的热辐射定律,物体在两个特定波长 λ_1、λ_2 上的辐射强度 $E_{\lambda 1}$、$E_{\lambda 2}$ 之比与该物体的温度成指数关系,即

$$E_{\lambda 1}/E_{\lambda 2} = K_1 e^{-K_2/T}$$

式中，K_1、K_2 为常数。因此，只要测出 $E_{\lambda 1}$、$E_{\lambda 2}$ 之比，就能算出物体的温度。通常 λ_1、λ_2 为比色高温计出厂时统一标定的定值，由制造厂家选定，例如选 $0.8\mu m$ 和 $1\mu m$ 的红外光。光电比色高温计的原理如图 9-26 所示。

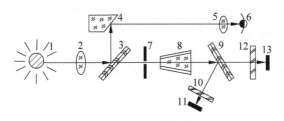

图 9-26　光电比色计原理图

1—测温对象；2—物镜；3—半透半反镜；4—反射镜；5—目镜；6—观察者眼睛；7—光阑；8—光导棒；9—分光镜；10、12—滤光片；11、13—硅光电池

被测物体的辐射光经物镜 2 投射到半透半反镜 3 后分成两路。第一路光线经反射镜 4 和目镜 5 到达观察者的眼睛，以便瞄准被测温的物体；第二路光线穿过半透半反镜 3 成像于光阑 7，通过光导棒 8 混合均匀后投射到分光镜 9 上。分光镜的作用是将波长 λ_1 的光反射，使波长 λ_2 的光通过。一部分的能量经可见光滤光片 10，将少量长波辐射能滤除后，剩下波长为 $0.8\mu m$ 的可见光被硅光电池 11 接收，并转换成电信号 U_1，输入显示仪表；另一部分的能量则经红外滤光片 12 将少量可见光滤掉，剩下波长为 $1\mu m$ 的红外光被硅光电池 13 接收，并转换成电信号 U_2 送入显示仪表。

3. 光电液位传感器

光电液位传感器利用光的反射和折射检测各类容器中液面的位置，工作原理如图 9-27 所示。这种检测方法与被测液体的密度、压力大小、导电与否都无关。检测时无机械传动、无活动电触点，并无须任何附加联动装置，操作十分简便。

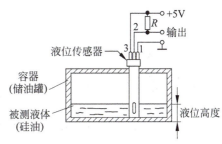

图 9-27　光电液位传感器原理图

巩固练习

一、填空题

1. 光电效应分为外光电效应和内光电效应，其中，内光电效应又分为_____效应和_____效应。
2. 光敏二极管在电路中处于_____偏置状态。
3. 光敏电阻在受到光的照射时，电阻阻值将_____。
4. 光敏三极管比光敏二极管的灵敏度_____。
5. 光电管分为_____和_____两种。
6. 与紫外光相比，红外光的波长更_____，光子的能量更_____。

二、判断题

1. 光电倍增管是根据光的内光电效应制成的。（   ）
2. 光敏三极管与普通三极管类似,有两个 PN 结、三个引脚。（   ）
3. 光电耦合器是实现光能→电能→光能转换的器件。（   ）
4. 光敏电阻的阻值与入射光的强度、电阻两端的电压有关。（   ）
5. 在光线的作用下,光电池的实质就是电源。（   ）
6. 所有光电式传感器都是利用可见光源制成的。（   ）

三、简答题

1. 为什么说光电耦合器能够实现输入输出的电隔离？
2. 简述光电开关分辨黑色与白色的原理。

项目 10

光纤传感器的安装与调试

项目描述

光纤传感器是随着光导纤维技术和光通信技术的发展而出现的新型传感器;光栅式传感器是指采用光栅莫尔条纹原理测量的传感器;光电式编码器是将转角和位移转换成各种代码形式数字脉冲的传感器;激光传感器是利用激光的特性来对被测量进行测量的传感器。本项目介绍四种传感器的相关知识,并且通过光纤传感器的安装与调试,学习光纤传感器的结构、原理和应用。

知识目标 了解光纤的结构和特点;掌握光纤传感器的分类、工作原理;掌握光栅传感器的结构、工作原理及应用;掌握光电式编码器的结构、工作原理及应用;掌握激光传感器的结构和工作原理。

技能目标 掌握光纤放大器的基本设置、调试方法、测量电路和注意事项。

一、光纤传感器

(一) 光的折射定律

光的折射定律由荷兰数学家和物理学家威里布里得·斯涅尔发现。当光由光密物质射至光疏物质时,发生折射,折射角大于入射角。即 $n_1 > n_2$ 时, $\theta_r > \theta_i$。如图 10-1(a)所示。

当入射角 θ_i 增大时,折射角 θ_r 也随之增大。当 θ_i 增大到一定程度时, $\theta_r = 90°$,此时为临界状态,如图 10-1(b)所示。

如果 θ_i 继续增大,这时会发生全反射现象。入射光不会发生折射,而是全部反射回来,如图 10-1(c)所示。光纤的信息传输就是基于光的全反射现象。

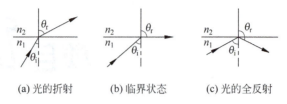

(a) 光的折射　　　(b) 临界状态　　　(c) 光的全反射

图 10-1　光在不同物质分界面的传播

（二）光纤的结构

光导纤维简称光纤。光纤呈圆柱形，通常由纤芯和包层组成，如图 10-2 所示。纤芯位于光纤中心，由石英玻璃或塑料等光折射率高的介质材料制成，在近红外光至可见光范围内传输损耗极小，是一种理想的传输材料。纤芯外是包层，由二氧化硅掺杂微量杂质制成。包层外面有涂敷层和尼龙套管，主要起保护和屏蔽作用。

纤芯的折射率 n_1 和包层的折射率 n_2 满足条件 $n_1 > n_2$。光纤的这种结构使得光在接触面发生全反射，从而将光波限制在纤芯中传输。光在光纤中的传播情况如图 10-3 所示。

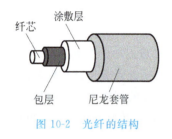

图 10-2　光纤的结构

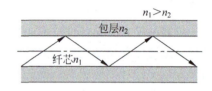

图 10-3　光在光纤中的传播情况

科学故事

光 纤 之 父

有这样一位通信工程专家，大学毕业后进入一家电话电报公司，从事通信传输材料的研究。早在 1966 年，他就提出利用玻璃清澈、透明的性质，使用光来传输信号。与传统用铜线传输的方式相比，它传输的信息量更多、速度更快。而当时，人们都认为他是痴人说梦。

为了寻求"没有杂质的玻璃"，他进玻璃厂与工人探讨玻璃制法，进实验室反复实验，终于发明了石英玻璃，制造出史上第一根光导纤维，震惊了全世界。

因为他的发明改变了世界通信与信息传输的模式，为高速发展的信息通信技术做出了杰出贡献。在 2009 年，76 岁高龄的他获得了诺贝尔物理学奖。他就是"光纤之父"——美籍华裔物理学家高锟。

（三）光纤传感器的分类

光纤传感器包括光发送器、光纤、敏感元件、光受信器和信号处理电路五个部分。光发送器是信号源，负责信号的发射；光纤负责信号的传输；光的某一性质受到被测量的调制由敏感元件感知;光受信器负责将光纤送来的光信号转换成电信号;经信号处理电路处理后得到被测量的值。

根据光纤在传感器中的作用,光纤传感器分为功能型、非功能型和拾光型三大类,如图10-4所示。

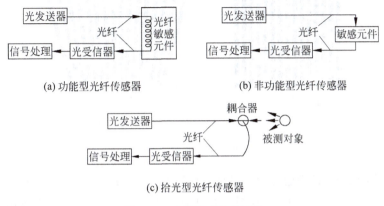

图10-4 光纤传感器的分类

1. 功能型(全光纤型)光纤传感器

光纤在外界因素(弯曲、相变)作用下,光的光学特性(光强、相位、偏振态等)发生变化。也就是说,光纤不仅起到传输光的作用,同时也是敏感元件。光在光纤内受到被测量的调制。此类光纤传感器结构紧凑、灵敏度高,但是需用特殊光纤和先进检测技术,因此成本高。

2. 非功能型(或称传光型)光纤传感器

非功能型光纤传感器无须特殊光纤及其他特殊技术,比较容易实现,成本低。但灵敏度也较低,用于对灵敏度要求不太高的场合。

3. 拾光型光纤传感器

拾光型光纤传感器用光纤作为探头,接收由被测对象辐射的光或被其反射、散射的光。

(四)光的调制技术

光的调制技术主要有强度调制、频率调制、波长调制、相位调制四种。

光的强度调制技术是光纤传感技术中应用最为广泛的一种调制技术,其基本原理是利用外界信号来改变光纤中光的强度,再通过测量输出光强的变化来实现对外界信号的测量。

光的频率调制是指对光纤中传输的光波频率进行调制,频率的偏移量反应被测量。

光的波长调制是指外界信号通过一定方式改变光纤中传输光的波长,测量波长的变化即可检测到被测量的变化。

光的相位调制是指被测量按照一定规律使光纤中传播的光波相位发生相应改变。

二、光栅传感器

(一)光栅

光栅是在光学玻璃基体上刻有大量等宽、等间距的刻线,从而形成间隔的透光区和不透光区。光栅的种类很多,按照形状和用途分为长光栅和圆光栅两种。如图10-5(a)所示为长光栅,图10-5(b)所示为圆光栅。光栅上的刻线称为栅线,两个栅线之间的距离W称为栅距。另外,对于圆光栅来说,相邻两条栅线间的夹角γ称为栅距角。

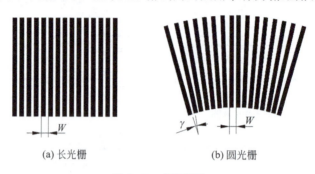

图10-5 光栅栅线

根据光线的走向,长光栅分为透射型和反射型,圆光栅只有透射型一种。透射型是在透明的玻璃上均匀地刻划栅线;反射型是在具有强反射能力的基体(不锈钢或玻璃镀金属膜)上均匀地刻划光栅。

(二)光栅传感器的结构

光栅传感器由光路系统、主光栅、指示光栅和光电元件组成,如图10-6所示。

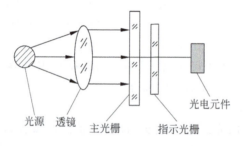

图10-6 光栅传感器的结构

光路系统主要包括光源和透镜。光源的作用是提供光栅传感器工作所需的光能。透镜的作用是将光源发出的点光转换为平行光,通常采用单个凸透镜。

主光栅和指示光栅是光栅传感器的核心部分,其精度决定着整个传感器的精度。主光栅也称为标尺光栅,是测量的基准,透射型主光栅是在普通工业用的白玻璃上刻划栅线。指示光栅一般比主光栅短,刻有与主光栅同样密度的栅线,透射型指示光栅用的是最好的光学玻璃。

光电元件包括光电池和光敏三极管,主要作用是将主光栅和指示光栅形成的莫尔条纹的明暗强度变化转换为电量输出。通常在光电元件的输入端装有透镜以增强莫尔条纹的光信号,在光电元件的输出端接有放大电路以对电信号进行放大。

(三)光栅传感器的工作原理

将主光栅和指示光栅叠合在一起,使它们的刻线之间成一个很小的角度θ。两块光栅的刻线重合处,光可以从缝隙通过,形成亮带。两块光栅刻线彼此错开处,光栅相互挡光形成暗带，如图 10-7 所示。

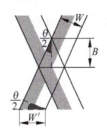

图 10-7 光栅结构

莫尔条纹间距 B 与栅距 W 和夹角 θ 有如下关系。

$$B\tan\frac{\theta}{2} = \frac{W'}{2} \tag{10-1}$$

$$W'\cos\frac{\theta}{2} = W \tag{10-2}$$

通过式(10-1)和式(10-2)可得：

$$B = \frac{W}{2\sin\frac{\theta}{2}} \approx \frac{W}{\theta} \tag{10-3}$$

由此可见，莫尔条纹的宽度 B 是由栅距与两光栅的夹角决定的。夹角越小，条纹的宽度越大，条纹越稀。通过调整夹角，可使条纹宽度为所需要的值。

莫尔条纹有以下特点。

(1) 运动方向。当两光栅沿与栅线垂直的方向做相对运动时，莫尔条纹沿光栅刻线方向移动。

(2) 位移放大。根据式(10-3)，由于夹角 θ 非常小，可以使得莫尔条纹宽度 B 比栅距 W 放大很多倍，例如 $\theta = 0.1°$，则 $1/\theta = 573$，即莫尔条纹宽度 B 是栅距 W 的 573 倍。因此，莫尔条纹具有位移放大作用，而且莫尔条纹清晰可见，有利于光电元件对莫尔条纹信号的检测。

(3) 减小误差。莫尔条纹是由大量栅线形成的，对光栅的刻线误差有平均作用，从而在很大程度上消除栅距的局部误差和短周期误差的影响。

三、光电编码器

光电编码器是用光电方法，将转角和位移转换成各种代码形式的数字脉冲。按照编码方式可分为绝对式光电编码器和增量式光电编码器。

（一）绝对式光电编码器

绝对式光电编码器将被测角通过读取码盘上的图案信息转换成相应的代码，指示绝对位置。

1. 二进制码盘

图 10-8(a)所示为四位二进制码盘，它是在一块圆形玻璃上采用腐蚀工艺刻出码形。

其中,深灰色区域为不透光区,用"0"表示,白色区域为透光区,用"1"表示。码盘分为四个码道,一个扇区的四个码道组成四位二进制码,高位在里,低位在外。测量时,码盘的一侧放置电源,另一侧放置光电接收元件,并且每个码道对应一个光电接收元件,当码盘处于不同角度时,各光电器件根据受光与否输出相应的电平信号,即产生了绝对位置的二进制编码。

n 位二进制编码器的分辨率为 $1/2^n$,即四位二进制编码器最小能分辨出 360°/16 的角度。但是相邻两个扇区的码形差距较大时,在变化时容易产生误差,例如,顺时针旋转从"1000"变为"0111"时,四位均发生变化,在变化到位之前的过程中有可能输出任何一个 4 位二进制数,造成较大误差。因此,在实际应用中可以采用格雷码盘或者带判位光电装置的格雷码盘。

2. 格雷码盘

格雷码盘如图 10-8(b)所示,相邻两个扇区的二进制码只有一位发生变化,从而把误差控制在一个数量单位内。

3. 带判位光电元件的格雷码盘

图 10-8(c)所示,格雷码盘的最外圈带判位光电元件。当编码器旋转时,只有变换到位,判位光电元件有信号时才输出。

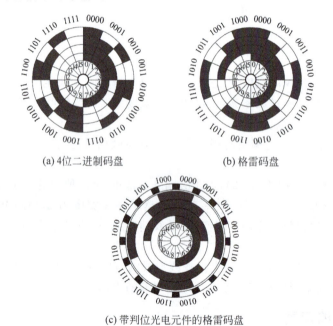

(a) 4位二进制码盘　　(b) 格雷码盘

(c) 带判位光电元件的格雷码盘

图 10-8　绝对式光电编码器码盘结构图

绝对式编码器具有码盘坐标固定、与测量初值无关、无累计误差、抗干扰能力强、无须方向辨别和无须计数等优点,缺点是结构复杂、价格高、分辨力受码道数量限制等。

(二) 增量式光电编码器

增量式光电编码器由光源、透镜、码盘、固定光栅板、光敏元件及信号处理电路构成,其结构如图 10-9 所示。在码盘的圆周上等分地刻有透光狭缝。在固定光栅板上刻有 AB 两组透明检测窄缝。另外,在码盘上还有一道透光狭缝 Z 作为码盘的基准位置。

工作时,光源发光,固定光栅板保持静止,码盘通过轴承与旋转轴一起转动。当码盘和固定光栅板上的狭缝对齐时,光线通过,光敏元件的输出电压最大。旋转一周,AB两个光敏元件的输出电压为近似正弦波且相位相差90°,正弦波经放大整形后变成方波,如图10-10所示。若A相超前于B相,说明电动机正转。若B相超前于A相,说明电动机反转。

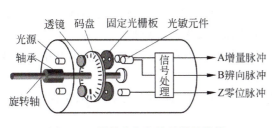

图10-9 增量式光电编码器的结构

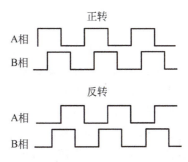

图10-10 增量式编码器的辨向脉冲

另外,码盘上的基准位置狭缝旋转一周后产生一个Z相脉冲,也称作零位脉冲,通常用于原点定位,也可用作旋转的计数。

增量式光电编码器的分辨率与码盘圆周上的狭缝数量 n 有关,最小能分辨 $360°/n$ 的角度。增量式编码器具有结构简单、价格低、精度高、响应速度快、性能稳定、零点任意设定等优点,因此应用广泛。但是速度受到计数器终值的限制,且有可能造成计数的积累误差。

四、激光传感器

(一)激光

微观粒子都具有一定的能级,任一时刻粒子只能处在某一个能级上。与光子相互作用时,处于低能级的粒子受到外界的激发,吸收光子能量,跃迁到高能级,这种跃迁称为受激吸收。

粒子受到激发进入高能级,并不是稳定状态,依然有一定的概率,自发地从高能级向低能级跃迁,同时辐射出光子,这种辐射过程称为自发辐射。

除自发辐射外,处于高能级上的粒子还可以另一方式跃迁到较低能级:当一定频率的光子入射时,也会引发粒子以一定的概率,从高能级跃迁到低能级,同时辐射一个与外来光子频率、相位、偏振态以及传播方向都相同的光子,这个过程称为受激辐射。这就是激光的原理。

(二)激光器

爱因斯坦在1917年提出激光的理论基础,直到20世纪60年代,第一台激光器才问世。激光器按工作物质分有固体、气体、液体、半导体四种。图10-11所示为各种激光器。

固体激光器的工作物质是固体,小而坚固、功率高,常用的有红宝石激光器、掺钕的钇铝石榴石激光器和钕玻璃激光器等。

图 10-11 各种激光器

气体激光器的工作物质为气体,输出稳定、单色性好、寿命长,但功率较小、转换效率较低。常见的有二氧化碳激光器、氦氖激光器和一氧化碳激光器。

液体激光器可分为螯合物激光器、无机液体激光器和有机染料激光器,其中最重要的是有机染料激光器,它的最大特点是波长连续可调。

半导体激光器的效率高、体积小、重量轻、结构简单,但输出功率较小、定向性较差、受环境温度影响较大。常用的有砷化镓激光器。

(三)激光传感器

激光传感器是利用激光技术进行测量的传感器,它由激光器、激光检测器和测量电路组成。激光传感器工作时,先由激光器对准被测目标发射激光脉冲,经目标反射后激光向各方向散射,部分散射光返回到激光检测器,被光学系统接收后成像到雪崩光电二极管上。雪崩光电二极管是一种内部具有放大功能的光学器件,因此它能检测极其微弱的光信号,并将其转化为相应的电信号。

光纤传感器的安装与调试

在项目9中,做过用光电开关来分辨黑白小球的实验。同样,光纤传感器也可以实现此功能。本实验通过光纤传感器对黑白小球的分辨,来模拟工业生产中的物料分拣过程。

1. 实验目的

(1)更好地了解光纤传感器的结构、特点、电路连接方法。

(2)掌握光纤放大器的设置方法和调节方法。

(3)锻炼自己的动手能力和分析、解决问题的能力。

2. 实验器材

光纤传感器(1个,欧姆龙牌,型号 E3X-NA11,参考价格 200.00 元);光电耦合器(1个,P521);电阻(1个,1.5kΩ);电阻(1个,560Ω);电阻(1个,10kΩ);直流电源(24V);直流电源(5V);发光二极管(1个,$\phi5$);黑色小球(1个);白色小球(1个);导线若干;螺钉旋具(1个,一字形)。

3. 认识光纤传感器

欧姆龙 E3X-NA11 光纤传感器由光纤、光纤放大器两部分组成,如图 10-12 所示。在光纤放大器的一端有三根引出线,蓝色、棕色为电源线,黑色为信号线。光纤放大器的另一端有两个固定的插孔用于将光纤插入并且固定。

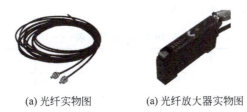

(a) 光纤实物图　　　　(a) 光纤放大器实物图

图 10-12　欧姆龙 E3X-NA11 光纤传感器

光纤放大器的设置面板如图 10-13 所示。光纤放大器的灵敏度调节范围较大。当光纤传感器灵敏度调得较小时,对反射性较差的黑色物体,光电探测器无法接收到反射信号;而对反射性较好的白色物体,光电探测器就可以接收到反射信号。反之,若调高光纤传感器灵敏度,则即使对反射性较差的黑色物体,光电探测器也可以接收到反射信号。

将 L/D 动作状态切换开关打到 L 挡时,如果光电探测器收到反射信号,则光纤信号输出为低电平;反之,将 L/D 动作状态切换开关打到 D 挡时,如果光电探测器收到反射信号,则光纤信号输出为高电平。

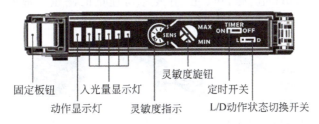

图 10-13　光纤放大器设置面板

4．实验步骤

(1) 将光纤传感器的棕色、蓝色引线分别接 24V 电源的正负极。

(2) 将光纤插入光纤放大器的插孔内固定好。两根光纤探头保持平行。

(3) 调节灵敏度旋钮,使得黑球对准光纤探头时,入光量显示灯五灯全灭或者只亮一灯;并且白球对准光纤探头时,入光量显示灯三个以上亮。

(4) 将 L/D 动作状态切换开关打到 L 挡。面板设置完毕。

(5) 按图 10-14 所示接好电路。

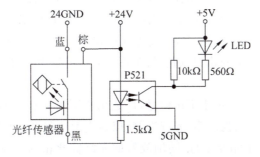

图 10-14　实验电路图

（6）用光纤传感器探头分别检测白色小球、黑色小球，观察发光二极管 LED 的亮灭。将实验结果记录到数据记录表 10-1 中。

表 10-1　数据记录表

颜色	黑	白
LED 亮/灭		

（7）思考：光纤传感器的黑色信号线为何不能直接接到发光二极管 LED 上？

项目拓展

一、光纤传感器的应用

光纤传感器具有灵敏度高、电绝缘性好、耐水性好、防爆性好、耐腐蚀、耐高温、防电磁干扰、适于远距离传输等优点，广泛应用于温度、位移、速度、加速度、压力、液位、流量、流速、电压、电流、浓度、pH 值、磁、声、光、射线等物理量的测量。常见的光纤传感器如图 10-15 所示。

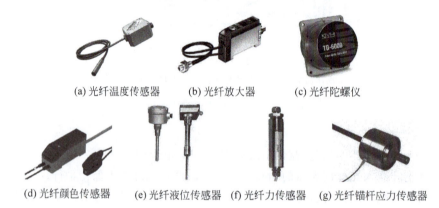

(a) 光纤温度传感器　(b) 光纤放大器　(c) 光纤陀螺仪

(d) 光纤颜色传感器　(e) 光纤液位传感器　(f) 光纤力传感器　(g) 光纤锚杆应力传感器

图 10-15　常见的光纤传感器

1. 反射式光纤压力传感器

反射式光纤压力传感器是利用弹性膜片在压力下变形而调制反射光功率信号的，其工作原理如图 10-16 所示。光发送器发出的光经入射光纤从端面 A 出射，出射光经弹性膜片反射后经接收光纤从端面 C 出射，被光受信器接收。其中，弹性膜片受力 F 产生形变，所反射的光信号会发生变化，从而获得与压力有关的输出信号。

2. 位移式光纤水听器

光纤水听器主要用来测量水下声信号，广泛用于军事和石油勘探、环境检测等领域。光纤水听器可分为干涉型、强度型、光栅型等，以强度型位移光纤水听器为例，其工作原理如图 10-17 所示。将两根相互平行、同轴放置的光纤彼此相隔一段距离，其中一根固定，另一根可随外界声压引起的机械位移的作用而发生移动，使得两根光纤彼此交错，从而导致两根光纤之间耦合效率的变化。

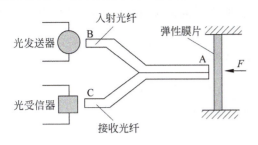

图 10-16　反射式光纤压力传感器工作原理

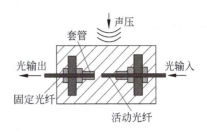

图 10-17　位移光纤水听器工作原理

3．光纤电流传感器

电力工业的迅猛发展带动电力传输系统容量不断增加。由于运行电流越来越大，传统的高压大电流的测量手段面临严峻的考验。光纤电流传感器具有抗干扰能力强、测量精度高、绝缘性好、容易小型化、无潜在爆炸危险性等一系列优点，应用越来越广泛。

光纤电流传感器的工作原理如图 10-18 所示。激光束通过入射光纤，并经起偏器产生偏振光，经自聚焦透镜入射到磁光晶体。在电流产生的外磁场作用下，偏振面旋转。经过检偏器、接收光纤，进入信号检测系统，通过对旋转角度的测量得到电流值。

4．光纤液位传感器

光纤液位传感器的工作原理是基于全内反射，如图 10-19 所示。光源发出的光经入射光纤到达测量端的圆锥体反射器。如果测量端置于空气中，光线在圆锥体内发生全内反射，通过接收光纤全部返回到受光元件；如果测量端接触到液面，由于液体的折射率与空气的折射率不同，全内反射被破坏，部分光线透入液体，则返回受光元件的光强变弱。如果返回光强出现突变时，说明测量端已经接触到液位。

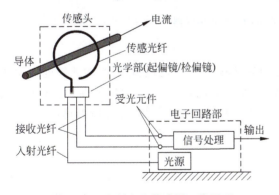

图 10-18　光纤电流传感器工作原理

图 10-19　光纤液位传感器示意图

5．光纤温度传感器

根据工作原理，光纤温度传感器可分为相位调制型、光强调制型和偏振光型。光纤温度传感器结构简单、成本低，应用范围广。其中，光强调制型光纤温度传感器随着温度的增加，半导体材料吸收的光的波长变长。因此，只要选定某一波长的光源，使之透射过半导体材料，就可以根据光的强度来测量温度。

光强调制型光纤温度传感器的结构如图 10-20 所示。光源发出某一波长的光,经入射光纤到达半导体光吸收器,透射后的光通过接收光纤被光探测器检测到,从而根据光强测量温度。

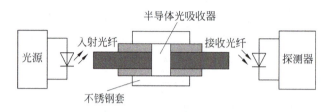

图 10-20　光强调制型光纤温度传感器结构

二、光栅传感器的应用

20 世纪 50 年代中期,计量仪器领域兴起了计量光栅技术。后来,随着光栅技术和电子技术的发展,莫尔条纹细分技术不断完善,光栅测量在精密计量仪器和精密机床行业得到了广泛的应用。常见的光栅式传感器如图 10-21 所示。

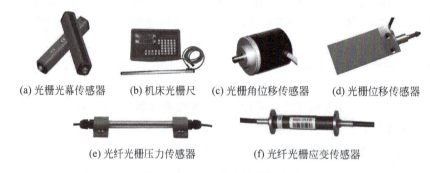

图 10-21　常见的光栅式传感器

1. 位移的测量

光栅传感器测位移,其测量输出信号为数字脉冲,具有检测范围大、检测精度高、响应速度快的特点,主要应用在精密测量仪器中,如显微镜和测长仪。另外,在数控机床中常用于对刀具和工件的坐标进行检测,来观察和跟踪走刀误差,以起到补偿刀具运动误差的作用。

2. 角位移的测量

光栅角位移传感器既可以装配在高精度仪器上用作角度基准件,又可以与光栅数显表配套单独作为精密测角仪器使用。在圆分度和角位移连续测量方面,光栅式传感器是精度最高的。

3. 其他物理量的测量

光栅传感器在速度、加速度、压力、应变、振动的检测方面应用也比较广泛。例如在桥梁健康监测系统中,监测桥梁主要构件的实际工作状况和承载能力、评估剩余使用寿命、为结构维护提供依据、为结构损伤提供预警等。

三、光电编码器的应用

光电编码器已经发展成为一种成熟的多规格、高性能的系列工业化产品，在数控机床、机器人、雷达、光电经纬仪、地面指挥仪、高精度闭环调速系统、伺服系统等诸多领域得到了广泛的应用。光电编码器如图10-22所示。

图10-22　光电编码器

1. 测量轴转速

由于增量式角编码器的输出信号是脉冲形式，因此，可以通过测量脉冲频率或周期的方法来测量电动机轴的转速。

2. 工位编码

由于绝对式编码器每一扇区均有一个固定的编码输出，若编码器与转盘同轴相连，则转盘上每一工位安装的被加工工件均可以有一个编码相对应。当转盘上某一工位转到加工点时，该工位对应的编码由编码器输出给控制系统。

3. 位置确定

在定长切割装置中，通过计算每秒内光电编码器输出脉冲的个数就能反映当前剪切设备的摆动和剪切位置，其输出信号与直流电动机调速装置的给定速度一起作为反馈信号，实现对剪切位置和速度的控制。

4. 重力测量仪

采用旋转式光电编码器，其转轴与重力测量仪中补偿旋钮轴相连。将重力测量仪中补偿旋钮的角位移量转化为某种电信号量进行测量。

四、激光传感器的应用

激光具有高方向性、高单色性和高亮度等特点，常用于长度、距离、振动、速度、方位等物理量的测量，还可用于探伤和对大气污染物的监测等。常见激光传感器如图10-23所示。

(a) 激光粉尘传感器　(b) 激光测距　(c) 激光测速传感器　(d) 激光光电开关

图10-23　各种激光传感器

1. 激光测长

现代长度计量多是利用光波的干涉现象来进行的,其精度主要取决于光的单色性的好坏。激光是最理想的光源,它比以往最好的单色光源(氪-86灯)还纯10万倍。因此,激光测长的精度高、量程大。用氪-86灯可测最长为38.5cm。用氦氖气体激光器,则最长可测几十千米。

2. 激光测距

将激光对准目标发射出去后,测量它的往返时间,再乘以光速即得到往返距离。激光在远距离的测量、目标方位的判定、接收系统信噪比的提高、测量精度的保证方面具有优势,因此日益受到重视。在激光测距仪基础上发展起来的激光雷达不仅能测距,而且还可以测目标方位、运动速度和加速度等,目前,已成功地运用于人造卫星的测距和跟踪。

3. 激光测速

对被测目标进行两次激光测距,两次测量之间的时间已知,则被测目标的移动速度可以通过距离和时间之比得出。激光测速的精度高,测速的距离比雷达测速远。

巩固练习

一、填空题

1. 纤芯的折射率比包层的折射率要_____。
2. 光纤的传输原理是基于光的_____现象。
3. 光的调制技术主要有_____、_____、_____和_____四种。
4. 光栅传感器由_____、_____、_____和_____组成。
5. 莫尔条纹的宽度是由_____与两光栅的_____决定的。
6. 三位二进制编码器最小能分辨出_____的角度。
7. 激光具有_____、_____和_____的特点。

二、判断题

1. 当光由光疏物质射至光密物质时,发生折射。　　　　　　　　　　(　　)
2. 非功能型光纤传感器里,光纤不仅起到传输作用,同时也是敏感元件。　(　　)
3. 主光栅和指示光栅间的夹角越小,条纹的宽度越小。　　　　　　　(　　)
4. 主光栅和指示光栅间的夹角为0.1°,则莫尔条纹的宽度是栅距的10倍。(　　)
5. 微观粒子从高能级向低能级跃迁,只有一种方式,就是受激辐射。　　(　　)

三、简答题

1. 简述光纤传感器分辨黑色与白色小球的原理。
2. 如果有黑、白、黄三色球,如何通过光纤传感器来辨识?
3. 简述格雷码盘与二进制码盘相比,主要解决了什么问题。
4. 增量式光电编码器与二进制编码器各有什么优缺点?

项目 11

热释红外传感器的安装与调试

项目描述

红外线和微波都是电磁波谱中的成员。红外传感器和微波传感器分别利用红外线和微波的特性来对被测量进行测量。本项目介绍这两种传感器的相关知识,并且通过热释电红外传感器的安装与调试来学习红外传感器的结构、原理和应用。

知识目标 掌握红外探测器的分类、特点;掌握热释电红外传感器的基本结构与工作原理;了解红外传感器的应用;了解微波传感器的结构和应用。

技能目标 认识常见的红外传感器;掌握热释电红外传感器的使用方法、测量电路和调试方法。

一、红外传感器

(一) 红外光

人的眼睛能看到的可见光中波长最长的为红光,波长最短的为紫光。电磁波谱中,比紫光波长更短的光叫紫外线,比红光波长更长的光叫红外线。红外线是不可见光,根据波长又可分为近红外、中红外、远红外、极远红外。如图 11-1 所示。

红外辐射的物理本质是热辐射。除了太阳能辐射红外线,自然界中的任何物体,只要它的温度高于绝对零度(−273℃),都能辐射红外线。物体的温度越高,辐射出来的红外线越多,辐射的能量越强。

红外线具有反射、折射、散射、干涉、吸收等特性,在真空中以光速传播。红外线不具有无线电遥控那样穿透障碍物的能力,红外线的辐射距离一般为几米到几十米。

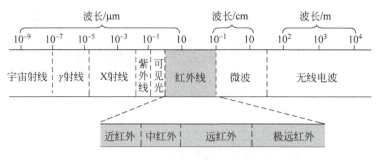

图 11-1　电磁波谱中的红外线

科学故事

红外线的发现

1800年,英国物理学家赫胥尔在研究各种颜色光的热量时,把暗室开了一个孔,孔内装一个分光棱镜,太阳光通过棱镜时被分解为彩色光带,用温度计去测量不同颜色所含的热量。实验中,他发现:放在光带红光外的温度计,比室内其他温度计数值高。于是他宣布太阳发出的辐射中除可见光线外,还有一种人眼看不见的"热线",叫作红外线。

红外线的发现是人类对自然认识的一次飞跃,对研究、利用和发展红外技术领域开辟了一条全新的广阔道路。

(二) 红外探测器

红外传感器一般由光学系统、探测器、信号调理电路以及显示单元等组成。红外探测器是红外传感器的核心,它是利用红外辐射与物质相互作用所呈现的物理效应来探测红外辐射的。根据探测原理的不同,红外探测器主要分为两大类:光子探测器和热探测器。红外探测器的分类见表 11-1。

表 11-1　红外探测器的分类

红外探测器	光子探测器	内光电探测器	
		外光电探测器	光电导探测器
			光生伏特探测器
			光磁电探测器
	热探测器	热释电型	
		热敏电阻型	
		热电偶型	
		气体型	

1. 光子探测器

光子探测器利用入射红外辐射的光子流与探测器材料中电子的相互作用来改变电子的能量状态,引起各种电学现象,这种现象称为光子效应。通过测量材料电子性质的变化,可以知道红外辐射的强弱。

光子探测器灵敏度高、响应速度快、具有较高的响应频率,但是探测波段较窄,一般需在低温下工作。

2. 热探测器

热探测器是利用红外辐射的热效应。当探测器的敏感元件吸收辐射能后引起温度升高,使探测器中某一性能发生变化(多数情况下是热-电变换),进而能探测出辐射。探测器主要有四类:热释电型、热敏电阻型、热电偶型和气体型。其中,热释电探测器的响应速度最快,得到了广泛应用。

(三) 热释电红外传感器

早在1938年,就有人提出利用热释电效应探测红外辐射,但并未受到重视。直到20世纪60年代,随着激光、红外技术的迅速发展,才又推动了对热释电效应的研究和对热释电晶体的应用开发。近年来,伴随着集成电路技术的飞速发展,以及对该传感器特性的深入研究,热释电晶体已广泛应用于红外光谱仪、红外遥感、热辐射探测器,以及各种智能产品和自动化装置中。

1. 热释电效应

热释电效应是晶体的一种自然物理效应。对于具有自发式极化的晶体,当晶体受热或冷却后,由于温度的变化而导致自发式极化强度变化,从而在晶体某一定方向产生表面极化电荷,这种由于热变化而产生的电极化现象称为热释电效应。

2. 热释电红外传感器的结构

热释电红外传感器由探测元件、场效应管匹配器和干涉滤光片组成。

(1) 探测元件

探测元件是由热释电材料制作的,主要有硫酸三甘肽、锆钛酸铅镧、透明陶瓷和聚合物薄膜。将热释电材料制成一定厚度的薄片,并在它的两面镀上金属电极,然后加电对其进行极化,相当于一个小电容。再将两个极性相反、特性一致的小电容串接在一起,可以消除因环境和自身变化引起的干扰。这样便制成了热释电探测元件,如图11-2所示。

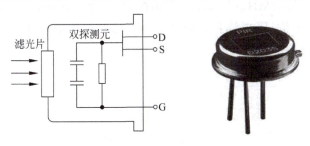

图 11-2 探测元件

当传感器没有检测到人体辐射出的红外线信号时,在电容两端产生极性相反、电量相等的正、负电荷。所以,正、负电荷相互抵消,回路中无电流,传感器无输出。

当人体静止在传感器的检测区域内时,照射到两个电容上的红外线光能能量相等,且达到平衡,极性相反、能量相等的光电流在回路中相互抵消,传感器仍然没有信号输出。

当人体在传感器的检测区域内移动时,照射到两个电容上的红外线能量不相等,光电流在回路中不能相互抵消，传感器有信号输出。

综上所述，热释电红外传感器只对移动的人体或体温近似人体的物体起作用。

（2）场效应管匹配器

热释电红外传感器在结构上引入场效应管，其目的在于完成阻抗变换。由于热释电元件输出的是电荷信号，并不能直接使用，因而需要用电阻将其转换为电压形式。

（3）干涉滤光片

由于制造热释电红外探测元件的材料探测波长为 $0.2\sim20\mu m$。而人体都有恒定的体温，一般为 $36\sim37℃$，会发出中心波长为 $9\sim10\mu m$ 的红外线。为了对 $9\sim10\mu m$ 的红外辐射有较高的灵敏度，热释电红外传感器在窗口上加装了一块干涉滤波片。这个滤光片可通过光的波长范围为 $7\sim10\mu m$，正好适合于人体红外辐射的探测，而其他波长的红外线则由滤光片予以吸收，这样便形成了一种专门用作探测人体辐射的热释电红外传感器。

（4）菲涅尔透镜

为了提高探测器的探测灵敏度以增大探测距离，一般在探测器的前方装设一个菲涅尔透镜，如图11-3所示。该透镜用透明塑料制成，将透镜的上、下两部分各分成若干等份，制成一种具有特殊光学系统的透镜，其作用一是聚焦，将红外信号折射（反射）在探测元件上；二是将检测区内分为若干个明区和暗区，使进入检测区的移动物体能以温度变化的形式在探测元件上产生变化热释电红外信号。菲涅尔透镜使热释电人体红外传感器灵敏度大大增加。

图11-3　菲涅尔透镜

二、微波传感器

1. 微波

微波是指频率为 $300MHz\sim300GHz$ 的电磁波，即波长为 $1mm\sim1m$，如图11-4所示。微波按波长分为分米波、厘米波和毫米波。微波的基本性质通常呈现为穿透、反射和吸收。

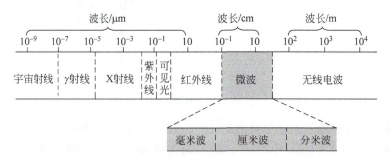

图11-4　电磁波中的微波

2. 微波传感器

由发射天线发出的微波，遇到被测物体时将被吸收或反射，使功率发生变化。利用接收天线接收通过被测物体或由被测物反射回来的微波,并将它转换成电信号,再由测量电路处理,就实现了微波检测。

微波传感器主要由微波振荡器和微波天线组成。微波振荡器是产生微波的装置。构成微波振荡器的器件有速调管、磁控管或某些固体元件。

由微波振荡器产生的振荡信号需用波导管传输,并通过天线发射出去。为了使发射的微波具有一致的方向性,天线应具有特殊的构造和形状。如图 11-5 所示为常用的微波天线。喇叭形天线结构简单、制造方便,可以被看作是波导管的延续。喇叭形天线在波导管与敞开的空间之间起匹配作用,可以获得最大能量输出;抛物面天线好像凹面镜产生平行光,因此使微波发射的方向性得到改善。

(a) 扇形喇叭天线　　(b) 圆锥喇叭天线　　(c) 旋转抛物天线　　(d) 抛物柱面天线

图 11-5　常用的微波天线

微波传感器从原理上可分为反射式和遮断式两种。反射式微波传感器通过检测被测物反射回来的微波功率或经过的时间间隔来测量被测物的位置、位移、厚度等参数;遮断式微波传感器通过检测接收天线接收到的微波功率大小,来判断发射天线与接收天线之间有无被测物或被测物的位置与含水量等参数。

微波传感器在烟雾、粉尘、水汽以及高低温环境中受到的影响较小,可以在恶劣环境下工作;微波传感器反应速度快,可以进行动态检测与实时处理,便于自动控制;微波信号本身就是电信号,无需进行非电量的转换,从而简化了传感器与微处理器间的接口,便于实现遥测和遥控。

热释电红外传感器的安装与调试

人体感应在自助银行、自动灯具、安全监控、保险装置、智能家居、灾难搜救、反恐侦察等领域中的应用越来越广泛。人体感应的方法有很多种,本实验通过热释电红外传感器进行人体的感应实验。

1. 实验目的

(1) 更好地了解热释电红外传感器的结构和特点。

(2) 掌握热释电红外传感器的电路连接、调试方法、注意事项。

(3) 锻炼自己的动手能力和分析、解决问题的能力。

2. 实验器材

HC-SR501 人体感应模块(1 个,参考价格 10.00 元,或者用 LHI778 热释电红外传感器、菲涅尔透镜及其他电子元器件搭建);电源(5V,可由78W05稳压电路输出);电阻(1个,220Ω);发光二极管(1个,φ5);万能板;细导线若干;电烙铁;焊锡丝;螺钉旋具。

3. 认识热释电传感器

LHI778是一款热释电红外传感器,采用双灵敏元互补方法抑制温度变化产生的干扰,稳定性高,如图11-6所示。

可以按图11-7所示搭建LHI778的外围工作电路,也可以直接购买人体感应模块HC-SR501。HC-SR501模块包括LHI778红外传感器、菲涅尔透镜和外围工作电路,如图11-8所示。模块有三个引脚引出,1管脚接电源正极,2管脚为信号输出,3管脚接电源负极。

图11-6 热释电红外传感器LHI778

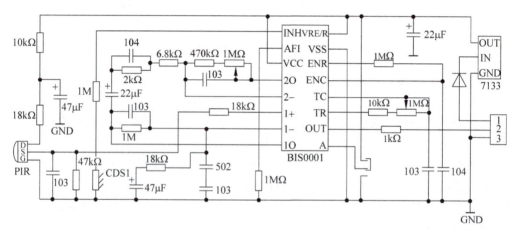

图11-7 人体感应模块HC-SR501电路原理图

图11-8 人体感应模块HC-SR501

模块通过跳线选择可设置为两种触发方式。第一种是不可重复触发方式,即感应输出高电平后,延时时间段一结束,输出将自动从高电平变成低电平;第二种是可重复触发方式,即感应输出高电平后,在延时时间段内,如果有人体在其感应范围内活动,其输出将一直保持高电平,直到人离开后才延时将高电平变为低电平。

模块上有两个可调电位器。第一个是调节距离电位器,感应距离为3～7m;第二个是调节延时电位器,感应延时为0.5～300s。

4. 实验步骤

(1) 通过跳线选择模块的触发方式为不可重复触发方式。分别用螺钉旋具调节好距离电位器和延时电位器,使得感应距离和延时时间为合适值。

(2) 按图 11-9 所示搭建电路。

(3) 在电路接通电源后,有一分钟的初始化时间,在此期间模块会间隔输出 0~3 次。一分钟后进入待机状态。应尽量避免灯光等干扰源近距离直射模块表面的透镜,以免引进干扰信号产生误动作。使用环境尽量避免流动的风,风也会对感应器造成干扰。

(4) 分别做以下几种动作,观察发光二极管 LED 的亮灭,将实验结果记录在数据记录表 11-2 中。注意在两次动作中间留有一定时间。

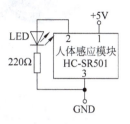

图 11-9　人体感应模块的实验电路

表 11-2　数据记录表

动作	走近传感器	静止站在传感器前	在传感器前摆手	离开传感器
LED 亮灭				

项目拓展

一、红外传感器的应用

红外传感器具有结构简单、响应快、灵敏度高、功耗低、非接触性、隐蔽性高、保密性高、抗干扰能力强等优点,其应用越来越广泛,如应用于民生领域有防盗报警、红外遥控、红外摄影、红外测距和通信等;工业领域有红外气体分析、温度控制、红外防伪、无损探伤等;医学领域有红外测温、红外诊断、红外理疗等;航空航天领域有遥感遥测、天体演化的红外研究、云层监视等;国防军事领域有热成像系统、搜索跟踪系统、红外辐射计、红外制导、红外预警等。常见的红外传感器如图 11-10 所示。

1. 红外遥控

红外遥控装置具有体积小、功耗低、功能强、成本低等特点,在家用电器和工业控制系统中得到广泛应用。红外发射管和接收管如图 11-11 所示。

红外遥控有发送和接收两个组成部分。红外发送管通过单片机编程将待发送的二进制信号编码调制为一系列的脉冲串信号,通过红外发射管发射红外信号;红外接收管完成对红外信号的接收、放大、检波、整形,得到 TTL 电平的编码信号,再送给单片机解码并且执行相关的控制操作。红外遥控的实现过程如图 11-12 所示,电路如图 11-13 和图 11-14 所示。

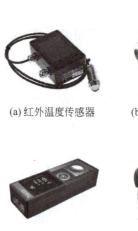(a) 红外温度传感器
(b) 红外比色测温计
(c) 红外测温计
(d) 红外体温计

(e) 红外测距仪
(f) 红外夜视阵列探头
(g) 红外线报警器
(h) 红外热像仪

(i) 红外线水平仪
(j) 红外光电开关
(k) 红外光电开关
(l) 红外粉尘传感器

(m) 红外色标传感器　　(n) 测距传感器　　(o) 红外甲烷传感器　　(p) 红外二氧化碳传感器

图 11-10　常见的红外传感器

(a) 红外发射管
(b) 红外接收管

图 11-11　红外遥控装置

图 11-12　红外遥控工作过程框图

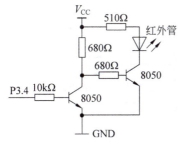
图 11-13　红外发射电路

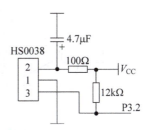
图 11-14　红外接收电路

2. 红外温度传感器

物体温度越高,辐射能量就越大。因此,只要知道物体的温度和它的比辐射率,就可算出它所发射的辐射能量;反之,如果测出物体所发射的辐射能量,则可确定它的温度。这就是红外测温的依据。红外温度传感器的原理如图 11-15 所示。它由光学系统、调制器、红外检测元件、电子放大器和指示器等几部分组成。

3. 红外无损探伤

图 11-16 所示,AB 两块金属板压焊在一起,如果要检查焊接面是否有漏焊,又不能使部件受到损害,这时就可以利用红外辐射进行无损探伤。

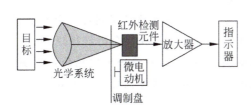
图 11-15　红外测温传感器装置

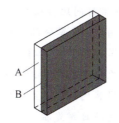
图 11-16　红外无损探伤

均匀地加热 A 板,当 A 板温度升高时,热量就向 B 板流去,B 板温度也随之升高。如果两板交界面焊接良好,热量将分布均匀地流向 B 板,B 板表面的温度应该是均匀一致的。如果交界面某一部位没有焊接好,热流流到这里受到阻碍,B 板外表面与此位相对应的位置上就会出现温度异常现象。

4. 红外热像仪

红外热像仪就是将物体发出的不可见红外能量转变为可见的热图像。图 11-17 所示为红外热像仪的工作示意图。

所有高于绝对零度的物体都会发出红外辐射。红外热像仪利用红外探测器和光学成像物镜接收被测目标的红外辐射能量分布图形,将其反映到红外探测器的光敏元件上,从而获得红外热像图。这种热像图与物体表面的热分布场相对应,上面的不同颜色代表被测物体的不同温度。

红外热像仪行业是一个发展前景非常广阔的新兴高科技产业,也是红外应用产品中市场份额最大的一部分,在军用和民用两个领域都有广泛的应用。

5. 红外夜视仪

红外夜视仪的工作原理:通过红外辐射源(红外探照灯)照射被测物体后,经物体反

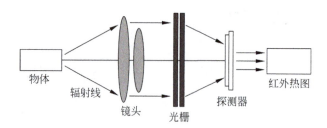

图 11-17 红外热像仪的工作示意图

射的红外辐射通过光学物镜聚焦成像于红外变像管的光电阴极上,外光电效应产生的电子经电子光学系统加速打在荧光屏上形成图像,实现红外光转换为可见光,再通过目镜放大后直接观测。

科学故事

虽然红外线很早被人发现,但受到红外元器件的限制,红外遥感技术发展很慢,直到20世纪40年代德国研制出红外透射材料和红外夜视仪。几乎同时,美国也在研制红外夜视仪,虽然时间比德国晚,但却抢先用于实战。

1945年夏,美军登陆进攻冲绳岛,隐藏在岩洞坑道里的日军利用复杂的地形,夜晚出来偷袭美军。于是美军将一批刚刚制造出来的红外夜视仪紧急运往冲绳,把安有红外夜视仪的枪炮架在岩洞附近。日军趁黑夜刚爬出洞口,立即被一阵准确的枪炮击倒。洞内的日军不明其因,继续往外冲,又稀里糊涂地送了命。红外夜视仪初上战场,就为肃清冲绳岛上顽抗的日军发挥了重要作用。

二、微波传感器的应用

各种微波传感器如图 11-18 所示。

(a)微波液位计　(b)微波井深测距仪　(c)微波辐射探测器　(d)微波固态流量仪

(e)微波感应开关　　　　(f)微波感应器　　　　(g)自动扶梯微波传感器

图 11-18　各种微波传感器

1. 微波液位计

图 11-19 所示为微波液位计的工作原理示意图。相距为 S 的发射天线与接收天线，相互构成一定角度。发射天线发射的微波从被测液面反射后进入接收天线。接收天线收到的功率因被测液面的高度而不同。只要测得接收到的功率，就能获得被测液面的高度。

2. 微波无损检测

微波无损检测是综合利用微波与物质的相互作用，一方面微波在不连续界面处会产生

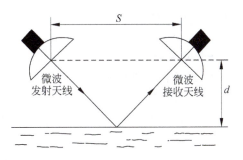

图 11-19　微波液位计工作原理

反射、散射、透射，另一方面微波还能与被检测材料产生相互作用，此时的微波场会受到材料中的电磁参数和几何参数的影响。通过测量微波信号基本参数的改变即可达到检测材料内部缺陷的目的。微波无损检测的工作框图如图 11-20 所示。

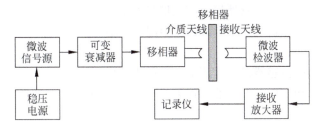

图 11-20　微波无损检测工作框图

3. 24GHz 雷达传感器

如图 11-21 所示，24GHZ 雷达传感器是微波传感器的一种，它是通过发射与接收频率为 24.125GHz 左右的微波来感应物体的。常应用于交通测速雷达、汽车变道辅助系统、汽车防撞控制、汽车 ACC 雷达巡航系统、运动测速、水位计、流速测量、智能电网、机场防入侵、自动门感应和水龙头感应等。

图 11-21　24GHz 雷达传感器

 巩固练习

一、填空题

1. 红外辐射的物理本质是_____。
2. 红外传感器一般由_____、_____、_____、_____等部分组成。
3. 利用入射红外辐射的光子流与探测器材料中电子的相互作用来改变电子的能量状态,引起各种电学现象,这种现象称为_____效应。
4. 由于热变化而产生的电极化现象称为_____效应。
5. 微波传感器主要由_____和_____组成。
6. 微波传感器从原理上可分为_____和_____两种。

二、判断题

1. 红外线能够穿透障碍物。ƒ( )
2. 热释电探测器是热探测器里响应速度最快的。( )
3. 热释电红外传感器中,干涉滤波片的作用是聚焦。( )

三、简答题

1. 为什么热释电传感器只能探测活动着的人体?
2. 红外夜视仪和红外热像仪的工作方式有什么区别?

项目 12

超声波测距传感器的安装与调试

项目描述

超声波传感器是利用超声波的特性研制而成的传感器。本项目通过超声波测距传感器的安装与调试,来学习超声波传感器的结构、工作原理和应用。

知识目标　了解超声波的特点;掌握超声波换能器的基本结构和工作原理;了解超声波传感器的应用。

技能目标　认识常见的超声波传感器;掌握超声波传感器的使用方法、测量电路和调试方法。

知识探究

一、超声波

声波是声音的传播形式。声波是一种机械波,由物体振动产生,借助各种介质向四面八方传播。按声波的频率分类,频率低于 20Hz 的声波称为次声波;频率为 20Hz～20kHz 的声波称为可听波;频率为 20kHz～1GHz 的声波称为超声波;频率大于 1GHz 的声波称为特超声波。如图 12-1 所示。

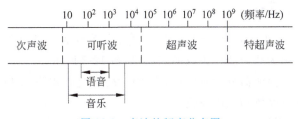

图 12-1　声波的频率分布图

超声波的波型分为横波、纵波、表面波和兰姆波四种。横波是指质点振动方向垂直于传播方向的波；纵波是指质点振动方向与波的传播方向一致的波；表面波是指质点的振动介于横波和纵波之间，沿着介质表面传播，并且振幅随深度增加而衰减的波；兰姆波是指质点以纵波或横波分量形式振动，以特定频率被封闭在特定有限空间时产生的制导波。

横波、表面波和兰姆波只能在固体中传播，纵波可以在固体、液体和气体中传播。在真空状态中因为没有任何弹性介质，声波不能传播。超声波的传播速度取决于介质的弹性系数、介质的密度以及声阻抗。同种介质不同波型或同一波型不同介质，其传播速度都不同。另外，超声波的传播速度与温度也有关系。

超声波从一种介质传播到另一种介质，在介质的分界面上一部分能量被反射回原介质，称为反射波；还有一部分能量透过介质分界面在第二种介质内继续传播，称为折射波。超声波的反射和折射如图12-2所示。超声波在传播过程中有衰减，在空气中衰减较快，而在液体及固体中衰减较小、传播较远。

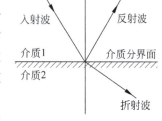

图12-2　超声波的反射和折射

超声波具有频率高、波长短、绕射现象小、方向性好、能够成为射线而定向传播等特点，可制成超声波传感器。

科学故事

斯帕拉捷的蝙蝠实验

意大利科学家斯帕拉捷观察到，夜晚蝙蝠依然能灵活地飞来飞去。这个现象引起了他的好奇：蝙蝠凭什么特殊的本领在夜空中自由自在地飞行呢？

后来，他分别把蝙蝠的眼睛蒙上、鼻子堵住，甚至用油漆涂满它们的全身，然而还是没有影响到它们飞行。

最后，斯帕拉捷堵住蝙蝠的耳朵，把他们放到夜空中。这次，蝙蝠在空中东碰西撞，很快就跌落在地。蝙蝠在夜间飞行、捕捉食物，原来是靠听觉来辨别方向、确认目标的！

斯帕拉捷的蝙蝠实验，揭开了蝙蝠飞行的秘密，为"超声波"的研究提供了理论基础。

人们利用超声波来为飞机、轮船导航，寻找地下的矿藏。超声波就像一位无声的功臣，广泛应用于工业、农业、医疗和军事等领域。斯帕拉捷怎么也不会想到，自己的实验，会给人类带来如此巨大的恩惠。

二、超声波传感器

超声波传感器主要由发射器、接收器和控制部分等构成。发射器和接收器完成超声波的发射与接收，统称为超声波探头或换能器，如图12-3所示。

按工作原理分类，换能器分为压电式、磁致伸缩式、电磁式等。其中，压电式换能器最常见，材料主要是压电晶体和压电陶瓷。

压电式超声波发射器的工作原理是逆压电效应。在压电材料上施加交变电压，将高

图12-3 超声波换能器

频电振动转换成高频机械振动,从而产生超声波。当外加交变电压频率与压电晶片的固有频率相同时,产生共振,输出的能量最大,灵敏度最高。

压电式超声波接收器的工作原理是正压电效应,即将接收到的超声振动波转换成电信号。

控制部分通过集成电路控制发送器的超声波发送,并判断接收器是否接收到超声波信号。

超声波测距传感器的安装与调试

距离的测量在生产生活中非常普遍。超声波测距具有迅速、方便、计算简单、易于实时控制的优点,并且在测量精度方面能达到工业实用的要求,因此超声波测距应用广泛,尤其在移动机器人的研制上发挥了重要作用。本实验通过超声波传感器进行距离的测量。

1. 实验目的

(1) 更好地了解超声波发射器和接收器的结构和特点。

(2) 掌握超声波传感器的工作电路、调试方法。

(3) 锻炼自己的动手能力和分析、解决问题的能力。

2. 实验器材

压电陶瓷超声波发射器(1个,型号 TCT40-16T,参考价格 3.00 元);压电陶瓷超声波接收器(1个,型号 TCT40-16R,参考价格 3.00 元);74LS04 芯片(1个,6非门);CX20106A 芯片(1个);电阻(2个,1kΩ);电阻(1个,4.7Ω);电阻(1个,22kΩ);电阻(1个,200kΩ);电解电容(2个,3.3μF);电容(1个,330pF);电容(1个,0.056μF);电源(5V,可由 78W05 稳压电路输出);单片机系统(包括 AT89S52 芯片、晶振电路、按键电路、数码管显示电路、ISP 下载口、下载线、Keil 编程软件等);导线若干;万能板;电烙铁;焊锡丝。

3. 认识压电陶瓷超声传感器

TCT40-16T/R 型压电陶瓷超声波传感器包括一个发射器和一个接收器,如图 12-4 所示。其中,印有"T"字母的是发射器,印有"R"字母的是接收器。发射和接收的超声波频率为 40kHz。

图 12-4　TCT40-16T/R 型压电陶瓷超声波传感器

4．超声波测距原理

超声波测距的方法有多种：如往返时间检测法、相位检测法、声波幅值检测法。本实验采用往返时间检测法，其原理是超声波发射器发射一定频率的超声波，借助空气介质传播，到达测量目标或障碍物后反射回来，由超声波接收器接收脉冲，其所经历的时间即往返时间，从而计算得出距离。

如果测得的往返时间为 t，超声波传播速度为 v，则被测物体到超声波传感器之间的距离：

$$S = vt/2 \tag{12-1}$$

在精度要求较高的情况下，需要考虑温度对超声波传播速度的影响，根据式(12-2)对超声波传播速度加以修正，以减小误差。式中，T 为测试温度。

$$v = 331.4 + 0.607T \tag{12-2}$$

5．实验步骤

（1）搭建电路

按图 12-5 所示搭建超声波发射电路，按图 12-6 所示搭建超声波接收电路。其中 P1.0 和 P3.2 为单片机 AT89S52 的 I/O 口，此处单片机系统的电路省略。焊接时，将发射器和接收器置于万能板的边缘，且网面朝外。发射器、接收器的高度保持一致，间隔距离 3~4cm。

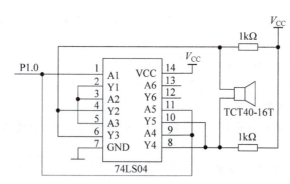

图 12-5　超声波发射电路

（2）发射电路原理

单片机 P1.0 输出 40kHz 的脉冲信号，分成两路。其中一路经过一级反相器后送到

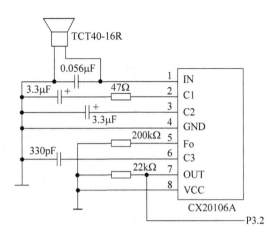

图 12-6　超声波接收电路

超声波发送器的一个电极；另一路经过两极反相器后送到超声波发送器的另一个电极。这种推挽形式将脉冲信号加到超声波发送器的两端，可以提高超声波的发射强度。电阻用于提高 74LS04 输出高电平的驱动能力，还可增加超声波发送器的阻尼效果，缩短其自由振荡时间。

(3) 接收电路原理

图 12-6 中，集成芯片 CX20106A 是索尼公司生产的一款红外线检波接收的专用芯片，常用于电视机红外遥控接收器。红外遥控常用的载波频率为 38kHz，与超声波频率 40kHz 较为接近，因此可用作超声波检测接收电路。

CX20106A 芯片的输出接单片机的 P3.2 管脚，即外部中断 INT0。CX20106 内部由前置放大器、限幅放大器、带通滤波器、检波器、积分器及整形电路构成。工作过程如下：接收的回波信号先经过前置放大器和限幅放大器，将信号调整到合适幅值的矩形脉冲，由滤波器进行频率选择，滤除干扰信号，再经整形送给输出端 7 管脚。当接收到与 CX20106 滤波器中心频率相符的回波信号时，其输出端 7 管脚就输出低电平，AT89S52 的 INT0 引脚 P3.2 触发中断。

(4) 程序编写

本实验的 C 语言程序包括主函数、键盘子函数、数码管显示子函数、定时器中断程序和外部中断程序。按下按键，启动键盘子函数时，开定时器中断，发送 40kHz 的脉冲，同时定时器开始计时。当接收到超声波回波时，进入外部中断子程序。为避免后续回波连续触发，先关掉外部中断，然后读取此刻定时器的时间值，计算出距离，由数码管显示。最后开外部中断，为下一次测量做准备。程序的流程图如图 12-7 所示。

(5) 注意事项

被测物或障碍物不能选择毛料、布料，它们对超声波的反射率很小，会严重影响测量结果；测距时，被测物体的面积不小于 $0.5m^2$ 且要整齐平整，否则会影响测量结果；测距时，避免出现两个距离相近的被测物体；测距范围为 4mm～4m。

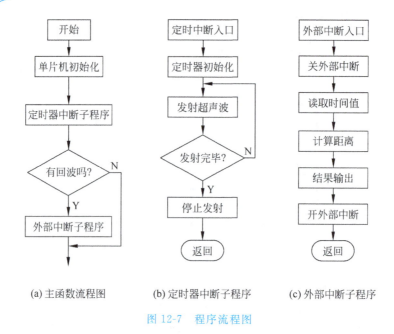

(a) 主函数流程图　　(b) 定时器中断子程序　　(c) 外部中断子程序

图 12-7　程序流程图

超声波传感器的应用

超声波传感器应用在生产实践的不同方面，常见的超声波传感器如图 12-8 所示。

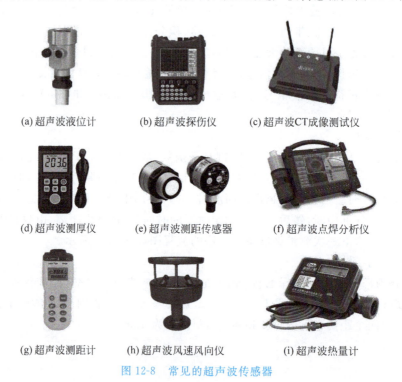

(a) 超声波液位计　　(b) 超声波探伤仪　　(c) 超声波CT成像测试仪

(d) 超声波测厚仪　　(e) 超声波测距传感器　　(f) 超声波点焊分析仪

(g) 超声波测距计　　(h) 超声波风速风向仪　　(i) 超声波热量计

图 12-8　常见的超声波传感器

1. 超声波测流量

超声波测流量的方法是多种多样的,如传播速度变化法、波速移动法、多普勒效应法、流动听声法等。其中应用较广的主要是超声波传播时间差法。

如图12-9所示,在被测管道上下游的一定距离上,分别安装两对超声波发射和接收探头,其中发射探头 F_1 和接收探头 T_1 是顺流传播的。而发射探头 F_2 和接收探头 T_2 是逆流传播的。超声波在静止流体和流动流体中的传播速度是不同的。设流体静止时超声波的速度为 v_1,流体的流动速度为 v_2,上下游之间的距离为 L,测量两接收探头上超声波传播的时间差为 Δt,则

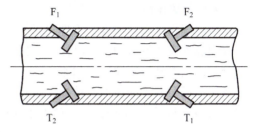

图 12-9 超声波测流量的工作原理

$$\Delta t = \frac{L}{v_1 - v_2} - \frac{L}{v_1 + v_2} \tag{12-3}$$

由于流体的流动速度远小于超声波的速度,则流体流动速度

$$v_2 \approx \frac{\Delta t v_1^2}{2L} \tag{12-4}$$

求出了流体的速度,再根据管道流体的截面积大小,就可计算出流体的流量。

超声波流量传感器具有不阻碍流体流动的特点,不管是非导电的流体、高黏度的流体,还是浆状流体,只要能传输超声波的流体都可以进行测量。超声波流量计可用于对自来水、工业用水、农业用水等进行测量,而且还适用于下水道、农业灌渠、河流等的流速流量测量。

2. 超声波探伤

高频超声波的波长短,不易产生绕射,碰到杂质或分界面就会有明显的反射,而且方向性好,能成为射线产生定向传播,并且在液体和固体中衰减小,穿透本领大。这些特性使得超声波成为无损探伤的重要工具。超声波探伤主要有穿透法和反射法,如图12-10所示。

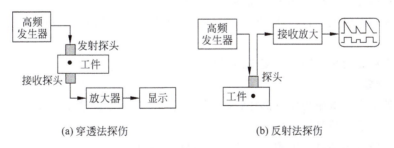

(a) 穿透法探伤　　　　　　　(b) 反射法探伤

图 12-10 超声波探伤

(1) 穿透法探伤

穿透法探伤是根据超声波穿透工件后的能量变化状况,来鉴别工件的内部质量。发射器和接收器分别置于工件的两面,探测时,发射器发射连续波或者脉冲。当工件内无缺

陷时,接收信号经放大器放大后,仪表的显示数值较大;当工件内有缺陷时,因部分能量被反射掉,接收能量小,仪表的显示数值较小。根据这个变化,就可以把工件内部缺陷检测出来。

(2) 反射法探伤

反射法探伤是以超声波在工件中反射情况的不同,来探测缺陷的方法。

高频脉冲发生器激励压电晶体产生振荡,产生超声波,以一定速度向工件内部传播。一部分超声波遇到缺陷被反射回来;另一部分超声波继续传至工件底面后被反射回来。缺陷及底面反射回来的超声波被探头接收变成电脉冲,在显示器荧光屏上显示出来。由缺陷波的幅度和形状,可分析缺陷的大小和性质。

超声波探伤的优点是检测厚度大、速度快、灵敏度高、成本低、对人体无害、能对缺陷进行定位和定量。但是对缺陷的显示不直观、探伤技术难度大、容易受到主观和客观因素的影响、探伤结果不便保存等缺点,使超声波探伤也有其局限性。

3. 超声波检查

超声波在医学上的应用主要是诊断疾病,它已经成为临床医学中不可缺少的诊断方法。超声波诊断的优点是对受检者无痛苦、无损害、方法简便、显像清晰、诊断的准确率高等。

超声波检查是将超声波发射到人体内,当它在体内遇到界面时会发生反射及折射,并且可能在人体组织中被吸收而衰减。因为人体各种组织的形态与结构是不相同的,因此其反射、折射以及吸收超声波的程度也就不同。医生们通过仪器所反映出的波型、曲线或影像特征,再结合解剖学知识、正常与病理的区别,来诊断所检查的器官是否有病变。

巩固练习

一、填空题

1. 超声波的波型有_____、_____、_____、_____四种。
2. 超声波的频率范围从_____Hz 到_____Hz。
3. 能在固体、气体、液体中传播的超声波波型为_____。
4. 换能器发射超声波的原理是_____效应,接收发射超声波的原理是_____效应。
5. 超声波在两种不同介质交界面会发生_____和_____现象。

二、判断题

1. 当外加交变电压与压电晶片频率产生共振时,超声波的能量最大。(   )
2. 超声波的本质是振动。(   )
3. 超声波在传播过程中的穿透性强、能量保持不变。(   )

三、简答题

简述超声波探伤的工作原理以及优缺点。

项目 13

汽车电子的MEMS传感器应用分析

项目描述

传感器技术是现代科技的前沿技术，具有巨大的应用潜力和广泛的开发空间。本项目介绍传感器的五大发展趋势，并且通过汽车电子的 MEMS 传感器应用分析，学习新型传感器的特点和应用。

知识目标　了解传感器发展的趋势；了解 MEMS 传感器的特点和应用；了解智能传感器的特点和应用。

技能目标　认识 MEMS 传感器；了解 MEMS 传感器在汽车电子中的应用。

传感器的发展趋势

传感器技术是世界各国竞相发展的高新技术，也是进入 21 世纪以来优先发展的顶尖技术之一。传感器技术所涉及的知识领域非常广泛，其研究和发展也越来越多地和其他学科技术的发展紧密联系。近年来，传感器技术新原理、新材料和新技术的研究更加深入、广泛，新品种、新结构、新应用不断涌现。其中，"五化"成为传感器发展的重要趋势，即智能化、微型化、可移动化、集成化和多样化。

1. 智能化

智能化的发展有两个方向。一个方向是传感器与微处理器相结合；另一个方向是传感器与人工智能技术相结合。

2. 微型化

传感器的微型化以 MEMS 技术为基础。将半导体加工工艺引入传感器的生产制造，实现了规模化生产。

3. 可移动化

无线传感网络技术的发展促进了传感器的可移动化,在智能家居、精准农业、海洋探测、林业监测、国防军事、智能建筑、智能交通、医疗系统和健康护理等领域都有很多应用,如图 13-1 所示。

图 13-1　无线传感网络技术的应用

在家电中嵌入传感器结点,通过无线网络与互联网连接在一起,将为人们提供更加舒适、方便和人性化的智能家居环境;利用传感器网络可以建立智能幼儿园,监测儿童的早期教育环境,跟踪儿童的活动轨迹。

4. 集成化

传感器的集成化有两方面。一方面是同一功能的多个传感元件集成在同一平面上,组成线性传感器;另一方面是几种不同的敏感元器件制作在同一硅片上,制成多功能一体化传感器。

图 13-2 所示为意法半导体公司研发的 LSM330 多传感器模块。该模块集成了一个 3 轴数字陀螺仪、一个 3 轴数字加速度计和两个嵌入式有限状态机。LSM330 多传感器模块锁定各种应用市场,包括佩戴式传感器应用、手机和平板电脑的运动控制式用户界面、户内外导航、增强实境和其他移动定位服务的运动检测和地图匹配功能。

5. 多样化

传感原理和敏感材料的多样化是研发新型传感器的重要基础。除了传统的半导体材料、光导纤维等,有机敏感材料、陶瓷材料、超导、纳米、生物体材料和形状记忆等材料已成为研发热点。

有人将亚细胞类脂类物质固定在乙酸纤维膜上,并和氧电极制成固定型的生物传感器,对酸雨、雾霾、酸雾进行快速准确的分析;有人从鲨鱼鼻子的皮肤小孔里提取了一种与普通明胶相似的胶体,它对温度非常敏感,0.1℃的温度变化都会使它产生明显的电压变化。

图 13-2　LSM330 多传感器模块及应用

汽车电子中的 MEMS 传感器分析

随着许多新型汽车的脱颖而出,传统传感器的缺点也越来越明显。采用 MEMS 技术的传感器具有更高的性能和集成度,能够更好地顺应当前汽车设计的变革与发展。MEMS 传感器应用于汽车安全技术许多领域,下面通过介绍汽车电子中的 MEMS 传感器,来了解 MEMS 传感器的应用。

(一) 认识 MEMS 传感器

微型化是传感器发展的趋势之一,MEMS 技术为传感器的微型化发展提供了重要的技术支撑。MEMS(Micro Electro-Mechanical System)即微机电系统,是在微电子技术基础上发展起来的多学科交叉的前沿研究领域。它涉及电子、机械、材料、物理学、化学、生物学、医学等多种学科与技术,具有广阔的应用前景。

MEMS 传感器是采用微电子和微机械加工技术制造出来的新型传感器。与传统的传感器相比,MEMS 技术可在一块晶片上同时制作几个传感器,大大降低了材料和制造成本,因此体积小、重量轻、价格低廉、适于批量生产;把半导体微加工技术应用于微传感器的制作,能避免因组装引起的特性偏差、可靠性高;用极少的能量即可产生动作或温度变化,因此灵敏度高、响应速度快;可以把微处理器、信号处理电路、传感元件集成一体,实现集成化与智能化;可用多种传感器的集合体把握微小部位的综合状态量,实现多功能化;另外,MEMS 传感器微米、纳米量级的特征尺寸使得它可以发挥某些传统机械传感器所不能实现的功能。

1. 压阻式 MEMS 压力传感器

MEMS 压力传感器是最早开始研制的微机械产品,也是微机械技术中最成熟、最早开始产业化的产品。从信号检测方式来看,MEMS 压力传感器分为压阻式和电容式两类。

压阻效应是指半导体材料沿某一轴向受到压力时,其原子点阵排列规律发生变化,从而导致载流子迁移率及载流子浓度发生变化,电阻率也随之变化的现象。压阻式 MEMS 压力传感器的结构如图 13-3 所示。在硅衬底上有硅薄膜层,通过扩散工艺在该膜层上形成半导体压敏电阻。膜片受压力作用时,引起压敏电阻的阻值发生变化,通过与之相连的电桥电路可将这种阻抗的变化转换为电压值的变化。

2. 电容式 MEMS 加速度传感器

MEMS 加速度传感器可分为电容式、压电式、压阻式、隧道电流式、谐振式、热电偶式、力平衡式等。其中,电容式 MEMS 加速度传感器具有灵敏度高、受温度影响极小等特点,是 MEMS 加速传感器中的主流产品。电容式常见的结构有三明治型、扭摆型、梳齿型等。

梳齿型电容式 MEMS 加速度传感器的结构如图 13-4 所示。梳齿分为定齿和动齿,定齿固定在基片上,动齿则附着在被测质量元件上。被测质量元件由弹簧支撑于基片上。当有外部加速度输入时,动齿随质量元件一起运动,产生微位移,引起动齿与定齿之间电容的变化,电容的变化量可以通过检测电路检测出来,进而得出微位移和输入加速度的值。

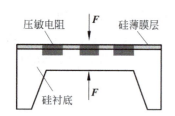

图 13-3 压阻式 MEMS 压力传感器结构

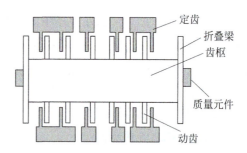

图 13-4 电容式 MEMS 加速度传感器结构

3. MEMS 陀螺仪

MEMS 陀螺仪的工作原理如图 13-5 所示。根据科里奥利效应,当物体沿 v 方向运动且施加 Z 轴角速率时,会受到图示方向的力 F。通过电容感应结构可以测出最终产生的物理位移。

图 13-6 所示为两个这种结构并不断做反向运动的物体。当施加角速率时,每个物体上的科里奥利效应产生相反方向的力,从而引起电容变化。电容差值与角速率成正比。

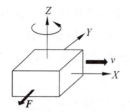

图 13-5 MEMS 陀螺仪的工作原理(1)

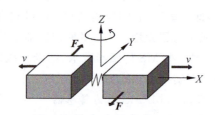

图 13-6 MEMS 陀螺仪的工作原理(2)

如果在两个物体上施加线性加速度,这两个物体则向同一方向运动,不会检测到电容变化。因此,MEMS 陀螺仪对倾斜、撞击或振动等线性加速度不敏感。

(二) 汽车电子中的 MEMS 传感器

1. 电子稳定控制系统(ESC)

ESC 是用于防止车辆在湿滑的道路、弯曲路段和紧急避让时发生侧滑的装置,如图 13-7 所示。该系统使用 MEMS 陀螺仪来测量车辆的偏航角,同时用一个低重力加速度传感器来测量横向加速度。通过测量数据的分析以调整车辆转向,防止发生侧滑。

图 13-7 汽车紧急避让防侧滑

2. 防抱死制动系统(ABS)

ABS 即防抱死制动系统。不安装 ABS 的汽车在紧急刹车时,容易出现轮胎抱死,也就是方向盘不能转动,这样危险系数就会增加,容易造成严重后果,如图 13-8 所示。

在四轮驱动的车辆中,由于每个车轮都可能打滑,所以 ABS 系统所需的车身速度和车轮速度参数无法通过传感器直接测量。因此车辆信息只能通过 MEMS 加速度传感器获得。

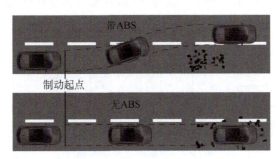

图 13-8 汽车防抱死制动

3. 电子控制式悬架系统(ECS)

ECS 系统的主要用途是根据行驶速度、路面状况、转向情况、变速状态等信息调节悬挂系统,为驾驶者提供良好的操作稳定性和乘坐舒适度。

多个 MEMS 加速度传感器用于检测车体的运动状态,以及前轮垂直方向的运动状态。

4. 发动机防振系统

新一代的发动机能够在无需满负荷运作时,通过关闭部分气缸来节省燃料,然而个别气缸的关闭会导致车体振动。由于车体质量正在变得越来越轻,有些情况下发动机的振动会导致车辆整体随之振动。

应对车体振动的减振装置中使用了 MEMS 加速度传感器,并被装在车体的各个重要部位。

5. 航位推测系统

当汽车导航系统无法接收 GPS 卫星信号时，偏航陀螺仪能够测量汽车的方位，使汽车始终沿电子地图的规划路线行驶，这个功能被称之为航位推测系统。

6. 侧翻检测传感器

侧翻检测传感器作为乘客保护系统的一部分被整合在安全气囊控制系统中。MEMS 角速度传感器和加速度传感器被用于检测车辆上下方向的角速度和加速度。

7. 车胎压力监测系统

MEMS 压力传感器应用于车胎压力监测系统，自动测量轮胎气压，实现爆胎预警等功能。

智能传感器

智能传感器系统是一门现代综合技术，是当今世界正在迅速发展的高新技术。智能传感器的功能是通过模拟人的感官和大脑的协调动作，结合长期以来测试技术的研究和实际经验而提出来的。是一个相对独立的智能单元，具有信息处理功能，它的出现对原来硬件性能苛刻要求有所减轻，而靠软件帮助可以使传感器的性能大幅度提高。智能传感器的结构框图如图 13-9 所示。相比传统传感器，智能传感器具有如下功能特点。

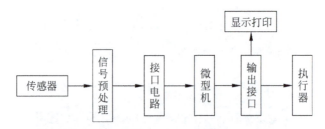

图 13-9　智能传感器结构框图

1. 数据存储、信息处理和通信功能

智能传感器产生的大量信息和数据要求其必须具备数据存储的能力。具有双向通信功能也是智能传感器关键标志之一。智能传感器将信息的采集、处理和传输统一起来，将对工业控制、智能建筑、远程医疗等领域带来重要影响，它将改变传统的布线方式，实现现场信息在整个网络的共享。

目前，很多国家都在进行无人驾驶汽车的研究开发，也取得了一定的进展。无人驾驶汽车通过车载传感系统感知道路环境，自动规划行车路线。在行驶过程中会生成大量数据，传感器必须具备高效的数据采集、处理和传输能力。图 13-10 所示为谷歌公司设计的无人驾驶汽车。

2. 自补偿和计算功能

传感器的温度漂移和输出非线性需要采取补偿措施，从器件制造工艺与硬件电路设计方面进行补偿远远不能达到高精度的要求，因此软件补偿非常重要。智能传感器的自

图 13-10　Google 无人驾驶汽车

补偿和计算功能为传感器的温度漂移和非线性补偿开辟了新的道路。

3. 自检、自校、自诊断功能

传统的传感器需要定期检验和标定，以保证它在正常使用时具有足够的准确度，这些工作一般要求将传感器从使用现场拆卸送到实验室或检验部门进行。对于在线测量传感器出现异常则不能及时诊断。采用智能传感器情况则大有改观，首先自诊断功能在电源接通时进行自检，诊断测试以确定组件有无故障。其次根据使用时间可以在线进行校正，微处理器可以利用存储的计量特性数据进行对比校对。

4. 具有判断、决策处理功能

物体的信息通过传感器获得，再经过微处理器进行处理，最终由处理器作出相应的判断和决策。目前智能传感器的智能化程度还仅仅是初级阶段。智能传感器的最高目标应该是接近或达到人类的智能水平，能够像人一样通过在实践中不断地改进和完善实现最佳测量方案和处理方案。

日本软银集团研发的人形机器人 Pepper，除了用到陀螺仪传感器、触控传感器、保险杠传感器、激光传感器、声呐传感器、3D 传感器等多种传感器外，还配备了语音识别技术以及分析表情和声调的情绪识别技术。Pepper 可综合考虑周围环境，积极主动地作出反应，与人类进行交流，如图 13-11 所示。

图 13-11　机器人 Pepper

巩固练习

一、填空题

1. 传感器的发展趋势有_____、_____、_____、_____、_____。
2. MEMS 传感器是采用_____和_____加工技术制造出来的新型传感器。

二、判断题

1. 压敏电阻的阻值需要通过电桥电路进行测量。　　　　　　　　　　　(　　)
2. MEMS 陀螺仪能够检测线性加速度。　　　　　　　　　　　　　　　(　　)

三、简答题

智能传感器为什么需要具有自检、自校和自诊断功能？

附 录

附表1 镍铬-镍硅热电偶分度表(分度号:K,参考端温度:0℃)

测量端 温度/℃	0	10	20	30	40	50	60	70	80	90
	热电动势/mV									
0	0.000	0.397	0.798	1.203	1.611	2.022	2.436	2.850	3.266	3.681
100	4.095	4.508	4.919	5.327	5.733	6.137	6.539	6.939	7.338	7.737
200	8.137	8.537	8.938	9.341	9.745	10.151	10.560	10.969	11.381	11.793
300	12.207	12.623	13.039	13.456	13.874	14.292	14.712	15.132	15.552	15.974
400	16.395	16.818	17.241	17.664	18.088	18.513	18.938	19.363	19.788	20.214
500	20.640	21.066	21.493	21.919	22.346	22.772	23.198	23.624	24.050	24.476
600	24.902	25.327	25.751	26.176	26.599	27.022	27.445	27.867	28.288	28.709
700	29.128	29.547	29.965	30.383	30.799	31.214	31.629	32.042	32.455	32.866
800	33.277	33.686	34.095	34.502	34.909	35.314	35.718	36.121	36.524	36.925
900	37.325	37.724	38.122	38.519	38.915	39.310	39.703	40.096	40.488	40.897
1000	41.269	41.657	42.045	42.432	42.817	43.202	43.585	43.968	44.349	44.729
1100	45.108	45.486	45.863	46.238	46.612	46.985	47.356	47.726	48.095	48.462
1200	48.828	49.192	49.555	49.916	50.276	50.633	50.990	51.344	51.697	52.049

附表2 铂铑10-铂热电偶分度表(分度号:S,参考端温度:0℃)

工作端 温度/℃	0	10	20	30	40	50	60	70	80	90
	热电动势/mV									
0	0.000	0.055	0.113	0.173	0.235	0.299	0.365	0.432	0.502	0.573
100	0.645	0.719	0.795	0.872	0.950	1.029	1.109	1.190	1.273	1.356
200	1.440	1.525	1.611	1.698	1.785	1.873	1.962	2.051	2.141	2.232
300	2.323	2.414	2.506	2.599	2.692	2.786	2.880	2.974	3.069	3.164

续表

工作端温度/℃	0	10	20	30	40	50	60	70	80	90
	热电动势/mV									
400	3.260	3.356	3.452	3.549	3.645	3.743	3.840	3.938	4.036	4.135
500	4.234	4.333	4.432	4.532	4.632	4.732	4.832	4.933	5.034	5.136
600	5.237	5.339	5.442	5.544	5.648	5.751	5.855	5.960	6.065	6.619
700	6.274	6.380	6.486	6.592	6.699	6.805	6.913	7.020	7.128	7.236
800	7.345	7.454	7.563	7.672	7.782	7.892	8.003	8.114	8.255	8.336
900	8.448	8.560	8.673	8.786	8.899	9.012	9.126	9.240	9.355	9.470
1000	9.585	9.700	9.816	9.932	10.048	10.165	10.282	10.400	10.517	10.635
1100	10.754	10.872	10.991	11.110	11.229	11.348	11.467	11.587	11.707	11.827
1200	11.947	12.067	12.188	12.308	12.429	12.550	12.671	12.792	12.912	13.034
1300	13.155	13.276	13.397	13.519	13.640	13.761	13.883	14.004	14.125	14.247
1400	14.368	14.480	14.610	14.731	14.852	14.973	15.094	15.215	15.336	15.456
1500	15.576	15.697	15.817	15.937	16.057	16.176	16.296	16.415	16.534	16.653
1600	16.771	16.890	17.008	17.125	17.243	17.360	17.477	17.594	17.711	17.826

附表3　Pt100铂热电阻分度表

工作端温度/℃	Pt100/Ω	工作端温度/℃	Pt100/Ω	工作端温度/℃	Pt100/Ω	工作端温度/℃	Pt100/Ω	工作端温度/℃	Pt100/Ω
−200	18.52	20	107.79	240	190.47	460	267.56	680	339.06
−190	22.83	30	111.67	250	194.10	470	270.93	690	342.18
−180	27.10	40	115.54	260	197.71	480	274.29	700	345.28
−170	31.34	50	119.40	270	201.31	490	277.64	710	348.38
−160	35.54	60	123.24	280	204.90	500	280.98	720	351.46
−150	39.72	70	127.08	290	208.48	510	284.30	730	354.53
−140	43.88	80	130.89	300	212.05	520	287.62	740	357.59
−130	48.00	90	134.71	310	215.61	530	290.92	750	360.64
−120	52.11	100	138.51	320	219.15	540	294.21	760	363.67
−110	56.19	110	142.29	330	222.68	550	297.49	770	366.70
−100	60.26	120	136.07	340	226.21	560	300.75	780	369.71
−90	64.30	130	149.83	350	229.72	570	304.01	790	372.71
−80	68.30	140	153.58	360	233.21	580	307.25	800	375.70
−70	72.33	150	157.33	370	236.00	590	310.49	810	378.68
−60	76.33	160	161.05	380	240.18	600	313.71	820	381.65
−50	80.31	170	164.77	390	243.64	610	316.92	830	384.60
−40	84.27	180	168.48	400	247.09	620	320.12	840	387.55
−30	88.22	190	172.17	410	250.53	630	323.30	850	390.48
−20	92.16	200	175.86	420	253.96	640	326.48		
−10	96.09	210	179.53	430	257.38	650	329.64		
0	100.00	220	183.19	440	260.78	660	332.79		
10	103.90	230	186.84	450	264.18	670	335.93		

参 考 文 献

[1] 余成波,陶红艳.传感器与现代检测技术[M].北京:清华大学出版社,2013.
[2] 吴旗.传感器及应用[M].2版.北京:高等教育出版社,2010.
[3] 于彤.传感器原理及应用[M].北京:机械工业出版社,2012.
[4] 梁慧斌,等.传感器系统实验教程[M].北京:中国电力出版社,2015.
[5] 赵凯岐,吴红星,倪风雷.传感器技术及工程应用[M].北京:中国电力出版社,2012.
[6] 王琦,白学林.传感器与自动检测技术实验实训教程[M].北京:中国电力出版社,2010.
[7] 宋雪臣,单振清.传感器与检测技术项目式教程[M].北京:人民邮电出版社,2015.
[8] 潘雪涛,温秀兰.传感器原理与检测技术[M].北京:国防工业出版社,2011.
[9] 付少波,付兰芳.传感器及其应用电路[M].北京:化学工业出版社,2011.